模拟增温对五台山亚高山草甸群落结构和碳循环的影响

张建华 著

气象出版社
China Meteorological Press

内容简介

本书基于在五台山亚高山草甸沿海拔梯度设置的模拟增温实验平台,通过测定增温和对照处理下五台山亚高山草甸土壤理化性质、土壤微生物群落结构及物种多样性、植物群落盖度、群落高度、群落生物量和土壤呼吸等指标,阐明增温对亚高山草甸群落结构和碳循环的影响及机制,不仅为评估亚高山草甸生物地球化学循环对增温的响应提供基础资料,也为我国脆弱生态系统经营管理提供科技支持,对推动五台山旅游业发展及区域经济转型具有重要的战略意义,长远来看对忻州市可持续发展和生态环境保护都是极为有益的工作。

本书可为学术界研究全球变化生态学的最新动态提供参考,为科学保护脆弱生态系统和旅游资源提供借鉴。本书可供保护区从业人员、高等院校生态学相关专业本科生、研究生和教师阅读。

图书在版编目（ＣＩＰ）数据

模拟增温对五台山亚高山草甸群落结构和碳循环的影
响 / 张建华著. -- 北京：气象出版社，2023.10
　ISBN 978-7-5029-8087-0

Ⅰ．①模… Ⅱ．①张… Ⅲ．①气温变化－影响－五台
山－寒冷地区－草甸－植物群落－研究 Ⅳ．①Q948.15

中国国家版本馆CIP数据核字(2023)第211298号

Moni Zengwen dui Wutai Shan Yagao shan Caodian Qunluo Jiegou he
Tan Xunhuan de Yingxiang

模拟增温对五台山亚高山草甸群落结构和碳循环的影响

张建华　著

出版发行：气象出版社

地　　址：北京市海淀区中关村南大街 46 号　　　　　**邮政编码**：100081

电　　话：010-68407112(总编室)　010-68408042(发行部)

网　　址：http://www.qxcbs.com　　　**E-mail**：qxcbs@cma.gov.cn

责任编辑：张锐锐　郝　汉　　　　　　　　**终　　审**：张　斌

责任校对：张硕杰　　　　　　　　　　　　**责任技编**：赵相宁

封面设计：艺点设计

印　　刷：北京建宏印刷有限公司

开　　本：710 mm×1000 mm　1/16　　　　　**印　　张**：6

字　　数：150 千字

版　　次：2023 年 10 月第 1 版　　　　　　　**印　　次**：2023 年 10 月第 1 次印刷

定　　价：59.00 元

前　言

　　众所周知,当前地球正处于近千年以来温度最高的时期。气候变暖改变了地球表层的生态环境,影响生态系统的结构和功能,促使生态系统的动态平衡发生不同程度、不同方向的改变。同时,生态系统的改变会影响气候变化,对全球变暖产生正/负反馈。生态系统结构和功能对全球气候变化的响应,既是近年来全球变化领域研究的热点,又是当前国际社会广泛关注的焦点。因此,2019 年 4 月,著者带领院级"气候变化与生态系统功能研究团队"成员在五台山亚高山草甸 6 个海拔梯度(2544 m、2631 m、2764 m、2800 m、2900 m 和 3000 m)建立长期野外监测平台,在每个海拔梯度的样地,随机选取植被分布均匀一致的区域,分别设置 2 种处理,包括不增温(ck)和增温(w)。之后,基于此平台,申请并获批山西省高等学校人文社会科学重点研究基地项目(20210122)"增温对五台山亚高山草甸植物群落及生态系统碳循环的影响"。该课题主要有 4 位在职教师参与,其中,本校的罗淑政博士负责测定土壤呼吸,杨欣超和张凯权博士负责采集和处理样品,邀请山西财经大学的秦浩博士调查群落结构和物种组成。此外,山西臭冷杉自然保护区杨虎义、李眉红等工作人员在野外采样、布设实验样地等方面给予了必要协助。

　　草地是陆地生态系统的重要组成部分,草地占全球陆地面积的 25%,占土壤总碳存储的 25%～30%。在中国,草地作为陆地上最大的生态系统,覆盖全国 41.7%的土地面积,以及储存了全球 9%～16%的有机碳。亚高山草甸作为一种重要的草地生态系统类型,地处高寒地带,对气候变化响应极为敏感,是监测气候变化的理想实验场所和研究生物多样性保护的热点地区。在不同的海拔高度,由于短期增温随气候变化、生物多样性、植物生长、物种分布和土壤性质不同而存在差异,导致亚高山草甸对气候变化的响应不同。由于高寒草甸生态环境比较恶劣,在不同海拔设置实验点困难较大,对于不同海拔高度高寒草甸结构和功能与气候变暖的相关关系研究较少。本研究的实施有助于加深对高寒草甸与全球变化之间反馈关系的认识。

　　山西省高等学校人文社会科学重点研究基地项目(20210122)"增温对五台山亚高山草甸植物群落及生态系统碳循环的影响"由张建华主持,按照草地生态系统固碳研究的调查与分析技术规范进行野外样点布设及采样,共调查代表性草本样方 72个,合计 144 份土壤样品。通过调查、测试分析,初步建立"亚高山草甸响应气候变化数据库"。该数据库有 3000 余条记录,主要指标有样地的位置、气候环境、物种组成、群落高度、群落盖度、土壤深度、土壤 pH 值、土壤总碳、土壤总氮、土壤有机碳、土壤总磷、土壤速效磷、土壤硝态氮和铵态氮等，为研究我国高寒草地生态系统群落结构、碳循环及其变化奠定了基础。

本书是"增温对五台山亚高山草甸植物群落及生态系统碳循环的影响"课题的重要研究成果之一，全书共 8 章，每章均由张建华本人执笔完成。

山西省高等学校人文社会科学重点研究基地项目（20210122）为本书的编写和出版提供了资金支持。特别感谢"增温对五台山亚高山草甸植物群落及生态系统碳循环的影响"课题的每一位参与者，他们在野外调查和采样方面做出了重要贡献，为本书的编写奠定了坚实的基础。

由于水平所限，书中遗漏和不足在所难免，敬请读者批评指正。

著者

2023 年 8 月

目　录

第 1 章

绪 论

1.1   研究背景

1.1.1   全球气候变暖现状

工业革命以来,化石燃料燃烧和土地利用变化导致大气 CO_2 浓度急剧升高。监测资料表明,大气 CO_2 浓度从 1959 年的 0.316‰[1] 增加到 2005 年的 0.379‰[2]。气候变化模型预测,到 21 世纪末大气 CO_2 浓度将成倍增加[3,4]。虽然还存在不确定性,但是大部分已观测到的全球温度升高是由大气 CO_2 浓度增加而引起的[2]。根据 2007 年 2 月政府间气候变化专门委员会(IPCC)发布的全球气候变化第四次评估报告的预测,未来气温将会持续升高,尤其是未来 20 a 的气温将以每年 0.02 ℃的速度递增。IPCC 预测,到 21 世纪末地表平均温度将会升高 1.1~6.4 ℃[5]。这种增温在全球范围内表现为不一致的变化趋势,在高纬度高海拔地区这种温度升高的效应会更加明显[6]。当前,以全球变暖和大气 CO_2 浓度升高为主要特征的全球变化正在改变着陆地生态系统的结构和功能,影响着陆地生态系统碳循环过程(光合作用、土壤呼吸、植物生长等),从而正反馈或者负反馈于全球气候变化中[7]。总之,气候变暖对陆地生态系统的影响是当前全球变化研究中的核心问题,而气候变暖对陆地生态系统碳循环的影响及陆地生态系统碳循环对气候变暖的反馈作用是全球变化研究中的重中之重[3]。所以,在上述背景下,为系统研究陆地生态系统碳循环对气候变暖的响应,并提供机理解释,全球范围内开展了大量的野外增温试验,并形成了一些大的研究计划和网络,如 NEWS(Network of Ecosystem Warming Studies)和 ITEX(International Tundra Experiment)。

1.1.2   碳循环的研究意义及主要过程

陆地生态系统碳循环包括许多碳释放和碳固定过程。碳释放主要表现为呼吸释放碳,包括植物呼吸(Ra)和土壤呼吸(Rs)。碳固定主要表现为植物光合作用固定大气 CO_2,指的是植物通过光合作用形成总初级生产力(GPP),扣除同期的植物自养呼吸形成净初级生产力(NPP),植物将固定的碳分配到植物碳库和土壤碳库中(图 1-1)[8]。土壤呼吸过程产生陆地生态系统有机碳的净输出,净初级生产力与土壤呼吸是决定陆地生态系统碳源汇功能的两大碳循环关键过程[9]。除了直接影响上述这些过程外,温度变化引起的物候和生长季、生态系统物种组成和结构、可利用氮素等变化会间接影响这些碳循环过程[10]。

CO_2 浓度急剧上升导致的增温效应是目前人类面临的最严峻的全球环境变化问题。如何确保人类生存环境的可持续发展,减缓气候变化对地球生命支持系统产生的不良影响,已引起各国政府和科学家的高度重视[11]。因此,全球碳循环和碳收支是当前气候变化和区域可持续发展研究的核心之一[12]。因为陆地生态系统是人类赖以生存和持续发展的生命支持系统,是受人类活动影响最强烈的区域,是主要的碳汇,所以陆地碳循环是全球碳循环的重要组成部分[13-16]。准确了解当前各种生态系统碳库的大小、分布,碳排放和碳吸收通量,并切实评估不同类型植被和土壤的碳储存能力,是估算未来大气 CO_2 浓度,预测气候变化及其对陆地生态系统影响的关键[17,18],也是制定合理政策措施,从而提高世界植被和土壤的碳吸收速度,增加陆地碳储量的基础[19]。

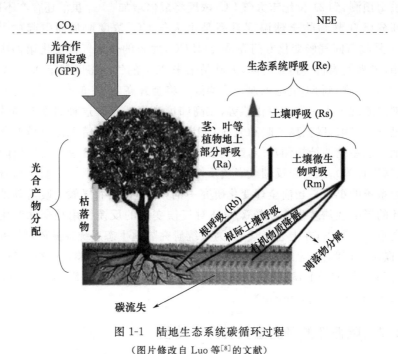

图 1-1　陆地生态系统碳循环过程

(图片修改自 Luo 等[8]的文献)

1.1.3　草地生态系统及其碳汇作用

草地生态系统是陆地生态系统的重要组成部分,是世界上分布最广的生态系统类型之一,其面积占陆地总面积的 40％以上,是重要的碳汇资源。据估算,草地生态系统碳储量约占地球陆地生态系统总储量的 34％[20]。草地生态系统具有保持水土、净化空气、防风固沙、控制温室气体排放的功能,在全球碳循环和应对区域气候的变化上具有重要作用[21-23]。草地是目前受人类活动影响最为严重的区域,其生态环境极为脆弱[24]。过去几十年,全球气温的显著上升和不断增强的人类活动导致世界上大部分草地呈退化趋势,造成土壤有机碳的大量损失,且影响草地生态系统的碳平衡[25,26]。我国草地资源极为丰富,天然草地面积大,占世界草地面积的 5.71%～9.34%,蕴藏着全球草地碳的 3.59%～15.98%[27-32]。中国草地生态系统面积为陆地生态系统面积的 28.97%～47.40%,其植被碳储量占中国陆地生态系统植被层碳储量的 2.65%～13.58%,其土壤层碳储量高达 12.62%～64.59%[33-36]。以上数据表明,我国草地碳储量在世界草地碳储蓄中占据重要地位,具有相当深厚的碳汇潜力[18,37]。草地生态系统的碳收支对我国乃至世界陆地生态系统的碳汇功能具有不可替代的意义,也是目前国际地圈-生物圈研究计划碳循环研究中的重要组成部分[38]。

1.2 研究进展

1.2.1 增温对植物群落生物量的影响及其机理

植被作为全球陆地生态系统的重要组成部分,在全球物质和能量循环、碳平衡调节和气候稳定维护中发挥着重要作用[39-42]。此外,植被是土壤、大气和水之间的天然纽带,受气候变化的影响,并对气候变化做出积极响应[43-45]。近年来,在全球气候变化的背景下,植被响应引起了人们越来越多的关注。气候变暖能够通过改变植物光合作用[46]和植物物候[47]等影响植物的碳吸收,从而改变植物生长和植被生物量。气候变暖导致的生长季延长[48]和加速代谢速率[49]可能会促进植物生长,并增加植物生物量[50]及生产力[51]。从全球的整合分析(Meta-Analysis)来看,增温会促进植被生物量和生产力的增加,对净初级生产力具有正效应[52]。在草地生态系统中,植被生物量对温度因子的响应,因地域环境、群落组成和研究尺度的不同,其研究结果存在差异。短期增温可以促进草地生产力的增加[53],但同时增温会使得土壤水分含量降低,导致干旱胁迫发生,从而引发植被生产力降低[54]。通常情况下,在土壤水分和营养元素亏缺限制植物生长之前,植物地上生物量都会随着温度的增加而增加。Rustad 等[53]综合了 20 个野外增温试验发现,增温后生态系统的地上生物量平均增加 19%。荒漠草原的研究结果表明,在雨量不变的条件下,升温可以对植被生长产生正向促进作用,但温度持续升高,最终会引起草原植被的退化[55]。可见,在许多生态系统中,水的供应状况似乎比温度对生物量的控制更为重要。在植物群落中,并不是所有物种的地上生物量都会随增温而增加,如在澳大利亚的盐生沼泽地上,只有建群种生物量会增加[56]。在高寒草甸,增温一定程度上促进了杂草的生长,但不利于禾草的生长;具体而言,增温增加了地上总生物量,其中莎草和杂草地上生物量呈增加趋势,但禾草地上生物量大幅减少[57]。但也有研究表明,植物生物量在增温后无显著响应[58,59]。由此可见,增温对高寒草甸地上生物量的影响并无定论。增温对草地根系生物量的影响与增温幅度、增温年限和增温方式密切相关。通过整合分析增温对陆地生态系统根系生物量的影响发现,模拟增温使细根生物量显著增加,但对根系总生物量、粗根生物量、根冠比没有显著影响;中短期增温试验(<5 a)对细根生物量具有促进影响,而长期增温试验(≥5 a)使细根生物量有降低的趋势;开顶箱增温和红外辐射增温使细根生物量显著提高,而电缆加热增温使细根生物量和粗根生物量均显著降低;增温对根系生物量的影响差异与年平均气温、年降水量、干旱指数等本地环境条件有关[60]。草本植物、灌木和乔木地上生物量对增温响应的强弱目前还存在争论。Arft 等[61]利用整合分析法分析研究发现,苔原带草本植物对增温的响应强于乔木和灌木。Hudson 等[62]发现,加拿大苔原带苔藓植物和常绿灌木地上生物量随着温度增加显著增加,落叶灌木和草本植物的地上生物量却没有变化。

1.2.2　增温对植物群落结构特征和物种多样性的影响

气候变暖会对陆地植物和动物的生长、分布以及生态系统的结构和功能产生深远影响。众多学者通过应用模型模拟[63,64]、长期观测[65]、整合分析以及控制试验[66,67]等方法研究增温对群落结构的影响,结果发现,植物群落与物种组成对气候变暖非常敏感,气候变暖可以改变植物群落物种数和组成结构。高海拔和高纬度区群落中的植物对温度的敏感性较强。在高海拔的生态系统中,物种丰富度降低的主要原因归于凋落物的堆积和热胁迫效应,它们抑制了植物的生长,最终导致物种消失[66,67]。更多的研究均表明,不同植物物种或功能群植物对气温升高的响应规律不一致。如周华坤等[68]研究升温对矮嵩草甸群落结构的影响发现,升温增加了大多数物种密度,但是降低了阳性植物和树丛性植物密度。Hou 等[69]在华北荒漠草地进行了 2 a 的升温和降雨增加试验研究发现,升温增加了草本 C4 植物(碳四植物),如糙隐子草的密度。在高寒草甸的增温试验中也发现,植物群落的高度和生物量会随着温度升高而增加[70],但增温幅度过大会降低植物群落盖度及地上生物量[71-73]。不同功能群物种对增温的响应程度不同[74]。增温显著增加杂类草的盖度,降低禾本科和莎草科植物的盖度[68]。然而,也有研究发现增温后禾本科和莎草科植物的生物量显著增加[68],而杂类草植物的生物量有所减少[75]。植物群落盖度、高度、多样性和生物量对增温呈现出不同程度的响应,这反映了植物群落中不同物种对空间资源的竞争及养分的获取能力的差异[76,77]。植物物种对于全球气候变化因子(浓度升高和增温)的响应具有不一致性,这也意味着全球气候变化通过改变物种的不同生长反应而改变植物群落的结构和组分。比如,不同物种的生长反应使原本生态系统中优势植物的优势地位进一步巩固和突显;或是其与其他物种资源竞争,受其他植物物种竞争生长影响,使其优势地位逐渐消失[78]。另外,气候变暖并不是完全直接作用于植物生长等特性上的,而是通过间接影响其他非生物因子改变植物群落组成。比如,很多研究都发现增温能够改变生态系统中土壤水分含量和不同养分利用效率,从而调控植物群落的结构和功能[79-81]。

气候变暖必然会对温度和水分等生长因子产生影响[82],进而影响到生物多样性。在荒漠草原,降水丰沛的夏季,增温提高了优势草种丰富度,但对杂类草丰富度有负效应,最终导致物种多样性减少。在我国青藏高原进行的一项为期 4 a 的加热试验证明,增温导致 26%～36% 的生物多样性丧失[66]。Jägerbrand 等[83]对瑞典北部高寒地区的苔藓和地衣群落进行了 5 a 的模拟增温和氮沉降研究,同样发现物种多样性降低。但马丽等[73]的研究表明,不同增温梯度没有显著改变高寒草甸植物群落的组成和物种多样性,但会引起各物种在群落中重要性的改变。同样,Wen 等[57]的研究也表明,长期增温对青藏高原高山草甸物种多样性影响较小,各多样性指数在增温初期均增加,在增温末期均减小,但总体上处理间差异不显著。如果持续过度增温,会使植物群落结构中物种趋于单一化发展,导致植物群落发生演替,最终引起物种多样性降低[84]。但也有研究发现,低水平增温对植物物种丰富度和系统发育功能、群落结构均无影响,而高水平增温显著降低了物种丰富度[85]。Lemmens 等[86]的研究发现,升温使物种丰富度提高了 39.4%。可见,温度升高对物种多样性的促进或是抑制作用随增温时间和增温幅度的不同而持续变化,植被物种多样性对气候变化的响应有正效应、负效应,也可能响应不敏感。此外,气候变暖也能通过改变物种间的竞争关系[87]、相对优势度[88,89]和分布范围[90,91],间接影响植物群落物种多样性。

1.2.3 增温对土壤呼吸的影响及其机理研究

土壤呼吸是陆地生态系统土壤有机碳向大气输出的主要途径,其微小的波动将会引起大气 CO_2 浓度的明显改变,进而影响陆地生态系统碳循环和碳平衡过程[92]。模拟增温试验表明,增温能够增加土壤呼吸[93]。这可能主要与增温引起地上生物量增加、微生物活性改变、凋落物分解加剧相关[94]。也有研究发现,增温会抑制土壤呼吸。如 Fang 等[95]在半干旱区的研究表明,增温增加了土壤温度,降低了土壤含水量,导致微生物活性下降,因此抑制了土壤异养呼吸,但对土壤自养呼吸没有影响;Wertin 等[96]在美国半干旱区草原的研究表明,增温减少了光合作用产物,分配到根系的光合作用产物相应减少,自养呼吸会受到抑制,进而降低了土壤呼吸。在高寒草甸的研究表明,当增温引起土壤含水量下降到一个阈值时,会对土壤呼吸产生负效应[97]。之所以会产生这种不同的响应,可能与土壤因子的不同(如土壤质地、含水量、养分含量)有关[98]。此外,还有研究发现,增温对内蒙古半干旱草原的土壤呼吸没有显著影响[99]。这些研究结果均表明,土壤呼吸不同组分对全球气候变暖的响应不同,其机制尚不清楚。

1.2.4 增温对土壤养分的影响

温度是影响土壤养分变化的重要因素[100]。有研究表明,在增温作用下高山草甸的土壤水分明显减少,铵态氮明显增加,但土壤 pH 值和总有机碳、氮、磷含量的变化不显著[101]。珊丹[74]的试验研究结果也表明,增温使土壤中硝态氮、铵态氮含量增多,铵态氮含量的变化达到显著水平。与此相反,有研究发现增温促进了草地土壤磷的释放[102],降低了铵态氮的含量[103]。有研究结果表明,增温会加快有机碳的分解速率,从而降低土壤有机碳含量[104,105]。温度升高对于土壤中速效磷含量的影响没有统一的研究结论。张欣等[106]、武倩等[107]、包秀荣[108]、白春华[109]的研究发现,增温提高了土壤的速效磷含量,但未有显著性影响,原因是温度的升高提高了土壤中难溶性磷酸盐含量[110]和土壤磷酸酶活性[111]。然而,张南翼[111]和郭红玉[112]的研究表明,增温降低了土壤中速效磷的含量,但同样也未表现出显著性差异。有研究发现,长期增温对土壤养分的影响要大于短期增温[113]。短期增温下土壤 C、N 含量呈减少趋势,但在长期增温下其含量呈增加趋势,这是因为短期增温下微生物活性增强,加快了土壤 C、N 的分解速率,导致 C、N 含量降低[114]。但随着增温时间的延长,增温效应逐渐减弱[115],微生物活性较短期增温有所降低,植被凋落物分解而进入土壤的 C、N 含量大于土壤微生物分解的量,从而使土壤 C、N 含量呈增加趋势。短期和长期增温均使土壤总磷含量呈减少趋势。增温处理下,土壤铵态氮含量增加的原因是:在一定温度范围内,增温促进了氮素的转化和土壤的氨化过程,使得氨基酸转化成铵态氮[112]。植物地上生物量的提高导致大量土壤氮素被植物吸收利用,减弱了增温对土壤有效氮转化的促进作用[116]。增温引起土壤含水率降低的同时,会抑制土壤氮周转速率[117],导致土壤中硝态氮、铵态氮含量下降。另外,土壤类型、植被类型、地形地貌以及水分等环境因素都会造成土壤养分含量的变化[118]。可见,增温对土壤养分含量的影响仍没有一致结论。

1.2.5　增温对土壤微生物量碳氮和群落结构的影响

微生物作为碳氮循环的重要驱动者,扮演着调节土壤生态系统功能,如养分循环、土壤结构维持、气体交换等的重要角色[119]。温度是影响土壤微生物活性的重要因素,土壤温度升高使土壤微生物的生物量、活性和结构产生明显改变[120-122]。关于温度上升对土壤微生物影响的研究已有大量报道,但研究的结果并不一致。有研究发现,增温提高了土壤微生物群落中真菌的贡献比[123]。但也有研究指出,增温所导致的干旱降低了微生物群落中真菌的比例[124]。Schindlbacher 等[125]的研究则发现,增温既没有改变土壤微生物的生物量,也没有改变微生物群落的结构组成。多数研究表明,土壤温度升高可以提高土壤养分有效性,促进土壤微生物生长、繁殖,土壤微生物的生物量也将增加[101]。然而,Fu 等[126]在青藏高原高寒草甸开展的一项研究结果表明,增温导致土壤水分含量显著降低,从而使土壤微生物量碳氮含量和碳氮比降低。Sorensen 等[127]则发现,土壤增温并不能补偿因土壤冻融而导致的土壤微生物量的降低。同时,也有研究报道,全球气候变暖并未显著影响土壤微生物的生物量[125]。此外,还有研究发现,由于增温幅度和时间不同,增温对土壤微生物群落影响的结果也有所不同。Weedon 等[128]在位于瑞典的阿比斯库研究站采用开顶箱增温方式,进行连续 9 a 的增温处理(0.2～0.9 ℃),发现土壤微生物群落结构并没有发生明显改变。Rinnan 等[116]同样采用开顶箱增温方式,在位于芬兰西北部的亚苔原区域,经过 12 a 的增温处理(0.5 ℃),却发现增温改变了土壤微生物的群落结构,并且增温条件下的土壤革兰氏阳性菌的 PLFAs(磷脂脂肪酸)含量较对照低,而真菌和革兰氏阴性菌的 PLFAs 含量则没有明显变化。综合当前各项研究结果来看,土壤微生物群落如何响应气候变暖还有待进一步研究论证。

1.3　研究目的、研究内容及技术路线

1.3.1　研究目的和意义

由于气候变化对生态系统的强烈干扰可能导致生态系统的退化和崩溃,对人类社会可持续发展产生极大的威胁。因此,越来越多的研究开始关注于气候变化对生态系统的影响以及生态系统对气候变化的响应机制。草地是我国重要的生态系统和自然资源,是我国重要的生态安全屏障,同时,其广泛分布在生态脆弱区域,抗干扰能力弱,是承受人类活动影响剧烈的植被区域,对气候变化的响应十分敏感,气候的变化导致全球草地生态系统发生了不同程度的退化。

已有研究探讨了气候变化对草地生态系统的影响,很多研究基于单一草地生态系统类型或一定区域范围,部分研究则基于整合分析,其间存在样品采集、研究方法和数据分析的差异,很难全面比较不同类型草地生态系统对气候变化的响应,结论存在不一致性,还有很多问题亟待深入研究,仍需进行大尺度与多点实验进行研究验证。因此,需要大量开展气候变化对草地生态系统的影响及其机制研究,为草地生态系统应对未来气候变化与人类活动可持续发展提供依据。

1.3.2　研究内容

利用野外增温实验平台,监测增温对生态系统碳循环关键过程的影响,从土壤养分、植被群落结构以及土壤呼吸等方面出发,提高对生态系统碳循环过程和气候变暖响应机制的认识,为精确估测未来气候变化情境下生态系统碳汇潜力提供可靠依据,具体内容如下。

(1) 增温对土壤养分和微生物量的影响,包括对土壤 pH 值、总碳氮磷、有机碳、

速效磷、硝态氮、铵态氮、土壤微生物量碳氮的影响。

（2）增温对植物群落结构的影响，包括对群落物种组成、物种重要值和物种多样性的影响。

（3）增温对土壤微生物群落的影响，包括对土壤微生物多样性、土壤微生物物种组成、土壤微生物群落组成及微生物群落与土壤性质相关性的影响。

（4）增温对亚高山草甸生物量及其分配的影响，包括增温对土壤理化性质、群落高度、盖度以及生物量的影响，并分析环境因子与地上生物量之间的关系。

（5）增温对土壤呼吸的影响，包括对土壤呼吸季节变化的影响，并分析土壤呼吸温度敏感性变化趋势及土壤呼吸与土壤温度和土壤含水量的关系。

1.3.3　技术路线

作为全球气候变化的敏感区之一，五台山陆地生态系统脆弱的生态环境与频繁的人类活动使之对环境和气候变化极其敏感，但人们对其在全球变化背景下的动态仍缺乏认识。以五台山亚高山草甸为研究对象，采用开顶式生长室模拟增温的实验方法，探讨全球气候变暖对亚高山草甸植物群落结构和生态系统功能（如碳循环）的影响。生态系统功能主要包括地上和地下两个部分，分别从群落结构、生物量、土壤呼吸以及土壤环境等方面研究增温对生态系统功能的影响。图 1-2 为本研究的技术路线和主要研究内容，针对不同的研究指标及其对增温的响应差异，制定了对应的调查采样方法。

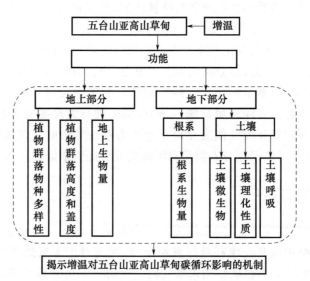

图 1-2　研究技术路线

第 2 章

区域概况与实验设计

2.1　研究区域概况与实验样地概况

2.1.1　研究区域概况

研究区为五台山(38°27′—39°15′ N,112°48′—113°55′ E),位于山西省忻州市东北部(图 2-1)。五台山是一个古老的山脉,为太行山的一支脉。整个山体由东北向西南走向,东北部较高,山体相对高差 2000 m,其中主峰叶斗峰海拔 3061 m,是华北最高峰[129]。沿海拔梯度有明显的植被垂直带谱,海拔由低到高依次包括落叶阔叶林、落叶针叶林、常绿针叶林、亚高山灌丛和草甸等[130]。五台山的土壤类型从山麓到山顶可分为褐土、山地褐土、山地淋溶褐土、山地棕壤土和亚高山草甸土[131]。五台山由于山地高度的不同和地形的变化,有着不同的气候条件。在山麓和前山地区,年均气温为 6~8 ℃,年降水量为 500~650 mm,无霜期约 130 d。在台顶,年均气温在−5 ℃左右,有些地方常年积冰,无霜期仅 60~70 d。在高山处,多地形雨,年雨量可达 900 mm,最高 1122 mm(1958 年)[129]。

五台山亚高山草甸是华北地区特有的亚高山草甸自然景观代表,也是华北面积最大的亚高山草甸生态系统之一,主要分布在海拔 2000 m 林线以上的地带,面积 106993 hm^2[130]。亚高山地区属于高山气候区,年平均气温为−4.2 ℃,极端最低气温为−44.8 ℃,年降水量为 966.3 mm。近年来,由于受到过度放牧、旅游活动和自然气候的影响,加之亚高山草甸植物生长期短、凋萎期长,五台山亚高山草甸面临严重的退化问题[132]。

2.1.2　实验样地概况

实验样地分别设在五台山海拔为 2544 m、2631 m、2764 m、2800 m、2900 m 和 3000 m 的亚高山草甸,6 个草甸群落的样地概况见表 2-1 和图 2-1。

表 2-1　实验样地概况

样地编号	海拔高度/m	东经	北纬	盖度/%	优势种
1	2544	113°32′23.05″	39°4′1.14″	100	田葛缕子、雪白委陵菜、嵩草等
2	2631	113°32′29.53″	39°3′53.58″	100	酸模、苔草、嵩草等
3	2764	113°31′50.71″	39°3′28.28″	100	珠芽蓼、嵩草、雪白委陵菜、苔草等
4	2800	113°32′55.55″	39°3′59.03″	93.33	嵩草、苔草、香青、火绒草等
5	2900	113°33′30.57″	39°4′32.24″	90.00	嵩草、苔草、珠芽蓼、火绒草等
6	3000	113°33′45.59″	39°4′51.34″	78.33	嵩草、苔草、紫苞风毛菊、珠芽蓼等

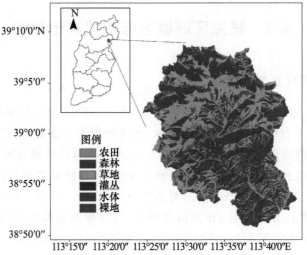

图 2-1　研究区域和实验样地的位置

2.2　实验设计

　　2019 年 8 月,在五台山亚高山草甸按照海拔高度(2544 m、2631 m、2764 m、2800 m、2900 m 和 3000 m)选择 6 个草甸典型分布区为长期实验样地,并在样地四周建立围栏,在每个典型样地,随机设置增温(w)和对照(ck)处理,其中每个处理设置 6 个重复,共计 72 个样方,样方间的距离为 3～5 m。2019—2020 年,陆续在 6 个样地分别搭设被动增温开顶箱(OTC)。采用的 OTC 是高度为 65 cm,顶部边长为 45 cm,底部边长为 75 cm 的六边形开顶增温箱,箱体框架由三角钢构成,6 块透明钢化玻璃固定在增温箱的侧面,玻璃透光率达到 95% 以上。增温处理均为全年增温,预计增温 1～3 ℃。在每个样方内放置 1 个 10 cm(高)×20 cm(直径)的聚氯乙烯(PVC)环,插入土壤 5 cm,用于测定土壤呼吸。实验样地的设置和增温装置如图 2-2 所示。

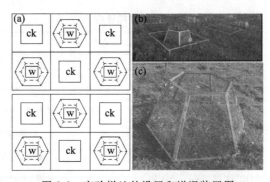

图 2-2　实验样地的设置和增温装置图

第 3 章

增温对土壤养分含量和
土壤微生物量碳氮的影响

3.1 引言

气候变暖作为全球变化的主要表现之一,已经成为一个不争的事实。预测到 2100 年,全球平均气温将升高 1.1～6.4 ℃[5]。目前,全球气候变化已经成为不容置疑的事实。温度是影响土壤氮矿化的最重要非生物因素,增温会促进有机氮的矿化,从而提高土壤可利用氮含量[133]。但增温在引起土壤含水率降低的同时,也会抑制土壤氮周转速率[117]。这将导致土壤中硝态氮、铵态氮含量下降。增温还能够通过影响土壤微生物活性和组成、土壤磷酸酶活性和土壤理化性质等来影响磷的有效性[134]。现有研究表明,温度升高对于土壤中速效磷含量的影响没有统一的研究结论[111,112]。有研究结果表明,增温会加快有机碳的分解速率,从而降低土壤的有机碳含量[104,105]。但也有研究表明,在增温作用下,高山草甸的土壤 pH 值和总有机碳、氮、磷含量的变化不显著[101]。此外,土壤类型、植被类型、地形地貌以及水分等环境因素都会引起土壤养分含量的变化[118]。

土壤微生物量(SMB)是生物地球化学过程及其驱动因素的重要指征因子,也是陆地生态系统生物地球化学循环的重要驱动力[135]。土壤微生物量碳氮可以表征土壤质量,反映土壤养分的循环机制[136]。其往往受植被和土壤类型[137]、微生物群落组成和结构[138]、大气氮沉降[139]、温度和降水[140,141]等因素,以及土地利用方式[142]的综合影响,在时间、空间上表现出复杂和多样化的特征[143]。有研究发现,增温可促进土壤微生物生长,并使其活性增强,这会使微生物量碳氮含量增大[144,145]。Xu 等[146]发现,一个生长季的短期增温未显著改变森林土壤微生物量碳氮的含量。Frey 等[147]进行的 12 a 增温实验表明,增温降低了土壤微生物量,并造成了革兰氏阳性菌和放线菌数量的变化。也有研究发现,温带地区气候变暖显著降低了高山草原、荒漠和典型草原土壤微生物量碳氮储量[148]。可见,增温对土壤养分含量和土壤微生物量的影响仍没有一致结论,还有待进一步研究论证。

国内外对上述问题开展了大量的研究,然而以往的研究主要针对森林和草地,且研究区主要集中于高纬度的极地、高海拔的青藏高原以及较低海拔的内蒙古高原,对分布于较高海拔的亚高山草甸研究比较缺乏。亚高山草甸在华北地区分布比较广泛,其地处高寒地带,对气候变化响应极为敏感。本研究通过增温的野外平台实验,探讨增温对亚高山草甸土壤养分和微生物的影响机制,以便于更清晰地认识全球气候变暖背景下亚高山草甸生态系统下土壤养分和微生物对温度的响应模式。

3.2　材料与方法

3.2.1　实验设计

研究区概况与实验设计详见第 2 章内容。

3.2.2　土壤样品采集及预处理

2020 年 8 月,在海拔 2544 m、2631 m 和 2764 m 样地的每个样方,分别用土钻取 3 钻表层土(0~20 cm),合并为 1 个土样,每个土样均分为 3 份。取样结束后,根据不同指标的测定要求及时进行土壤预处理。

对于测定土壤无机氮的土样,将新鲜土壤样品过 2 mm 筛后,用保温箱及时运回实验室置于 4 ℃冰箱保存,在 1 周内测定相关指标。

对于测定土壤总碳、有机碳、总氮、总磷、速效磷及 pH 值的土样,将土样风干,用圆木棍碾碎并过 2 mm 筛,即可用于测定 pH 值和速效磷。将样品继续研磨并过 100 目(0.15 mm)筛,即可用于测定总碳、有机碳、总氮和总磷。

用于分析土壤微生物量的土样于 4 ℃保存。

3.2.3　土壤 pH 值测定

将风干土的土壤样品用无 CO_2 蒸馏水浸提($v_\pm : v_\text{水} = 1 : 5$),采用酸度计(pH 计,PHS-3B)测定浸提液 pH 值,每测定 5 个样品即矫正 1 次。

3.2.4　土壤无机氮和速效磷测定

土壤无机氮包括铵态氮和硝态氮。称量 8~10 g 新鲜土壤样品,加入 50 mL K_2SO_4(0.5 mol·L^{-1})置于摇床振荡提取 1 h,用中速滤纸过滤后,所得提取液用流动注射分析仪(FIAstar 5000 Analyzer)测定铵态氮和硝态氮含量,两者之和为总无机氮含量。

称量 2.5 g 风干土壤样品于振荡管中,加入 50 mL $NaHCO_3$(0.5 mol·L^{-1})和 1 勺无磷活性炭,振荡 30 min,用定量滤纸过滤,吸取 15 mL 滤液,加入蒸馏水 30 mL、钼锑抗试剂 5 mL,摇匀,放置 30 min(期间不断振荡),在分光光度计上用 700 nm 波长进行比色并绘制标准曲线,空白液的吸收值为 0。从工作曲线上查出磷的质量浓度。根据土壤提取液的磷浓度、提取液体积以及土壤样品干重计算单位干重土壤速效磷的含量。

3.2.5　土壤总碳、有机碳、总氮和总磷测定

采用高温外加热重铬酸钾氧化-容量法测定有机碳含量[149],采用元素分析仪(PE2400)测定总碳和总氮含量,采用硫酸-高氯酸消煮-钼锑抗比色法测定总磷含量[150]。

3.2.6　土壤微生物量碳氮测定

土壤微生物量碳氮采用氯仿熏蒸浸提法测定。将新鲜土壤过 2 mm 筛,称量 10 g 土壤放入 100 mL 塑料瓶中,用量筒量取 50 mL K_2SO_4(0.5 mol·L^{-1})溶液,倒入其中一个塑料瓶内,密封后在摇床上振荡 1 h,用慢速滤纸过滤,将提取液装入 25 mL 塑料瓶于 -18 ℃冷冻保存,待后续分析。另称量 10 g 对应样品于小烧杯中,置于真空干燥器内进行氯仿熏蒸,待氯仿沸腾 2 次后将真空干燥器置于暗处熏蒸 24 h,打开真空干燥器取出熏蒸完毕的样品,置于通风橱内,让残留在土壤中的氯仿完全挥发,然后用 K_2SO_4(0.5 mol·L^{-1})进行提取并过滤得到提取液,具体处理方法与未熏蒸样品相同。土壤提取液用总有机碳氮分析仪(Multi 3100 N/C)分别测定总有机碳和总氮的含量。根据熏蒸和对照样品中总有机碳和总氮的差值、提取液的体积和土壤样品干重,计算土壤微生物量碳氮的含量。

3.2.7　数据处理与统计方法

采用重复单因素方差分析(One-way ANOVA)比较海拔梯度对土壤养分和微生物量碳氮的影响,采用独立样本 T 检验分析增温和对照处理下土壤养分和微生物量碳氮的差异。用 Excel 2010 和 Sigmaplot 12.0 完成制图和制表,采用 SPSS 17.0 软件完成统计分析,统计分析显著性水平采用 $P<0.05$。

3.3　结果

3.3.1　增温对土壤 pH 值的影响

如图 3-1 所示,增温处理在一定程度上降低了表层土壤 pH 值,但在统计学上没有达到显著性差异($P>0.05$)。土壤 pH 值在不同海拔间差异显著,其中,在增温样地,2544 m 土壤 pH 值显著低于 2631 m 和 2764 m($P<0.05$);在对照样地,2544 m 土壤 pH 值显著低于 2631 m。

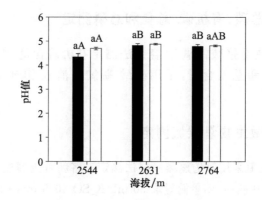

图 3-1　增温对土壤 pH 值的影响

(不同小写字母表示同一海拔不同处理间差异显著(P<0.05)，

不同大写字母表示同一处理不同海拔间差异显著(P<0.05)，黑色为增温，白色为对照，下同)

3.3.2　增温对土壤总碳、有机碳、总氮和总磷的影响

如图 3-2a～图 3-2c 所示，增温处理对 3 个海拔土壤的总氮、总碳和有机碳均无显著影响(P>0.05)；增温显著提高了 2764 m 土壤总磷含量(图 3-2d)。土壤养分在不同海拔间差异显著。其中，在增温样地，2764 m 土壤总磷含量显著高于 2544 m 和 2631 m(P<0.05)，其他养分在不同海拔间差异不显著；在对照样地，2631 m 土壤总氮、总碳和有机碳含量显著低于 2544 m 和 2764 m，2764 m 土壤总磷含量显著高于 2544 m 和 2631 m。

3.3.3　增温对土壤无机氮和速效磷的影响

如图 3-3 所示，增温处理对 3 个海拔样地的土壤速效磷含量均无显著影响(P>0.05)。在 2544 m 样地，增温显著增加了土壤硝态氮、铵态氮和无机氮含量；在 2631 m 样地，增温对土壤硝态氮、铵态氮和无机氮含量无显著影响；在 2764 m 样地，增温显著降低了铵态氮和无机氮含量，对土壤硝态氮含量无显著影响。土壤速效磷含量在不同海拔间差异不显著。在增温样地，硝态氮、铵态氮和无机氮含量在不同海拔间差异显著。其中，2764 m 的土壤铵态氮含量显著低于 2544 m，无机氮含量显著低于 2544 m 和 2631 m；2631 m 土壤硝态氮含量显著高于 2544 m 和 2764 m。在对照样地，铵态氮和硝态氮含量在不同海拔间存在显著差异，无机氮含量在不同个海拔间无显著差异。其中，2764 m 土壤铵态氮含量显著高于 2631 m 和 2544 m；2544 m 土壤硝态氮含量显著低于 2631 m。

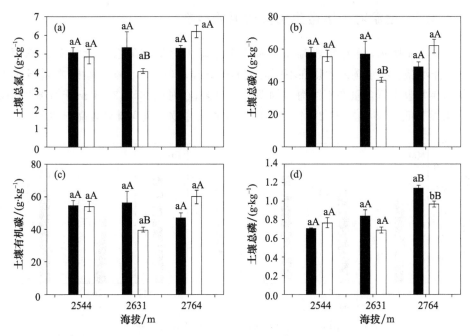

图 3-2　增温对土壤总氮(a)、总碳(b)、有机碳(c)和总磷(d)的影响

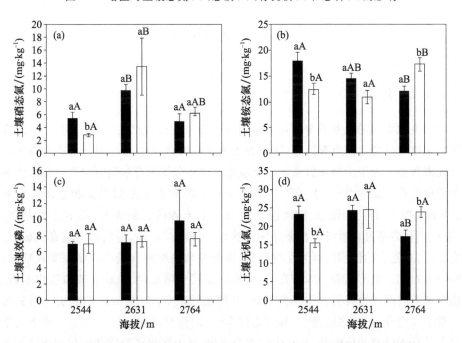

图 3-3　增温对土壤硝态氮(a)、铵态氮(b)、速效磷(c)和无机氮(d)的影响

3.3.4 增温对土壤微生物量碳氮的影响

如图 3-4 所示,增温处理对 3 个海拔土壤微生物量碳氮含量无显著影响($P>$ 0.05),土壤微生物量碳氮含量在不同海拔间差异显著($P<0.05$)。其中,在增温样地, 土壤微生物量碳氮含量在不同海拔间差异不显著;在对照样地,2631 m 土壤微生物量 碳含量显著低于 2544 m 和 2764 m,2544 m 土壤微生物量氮含量显著高于 2631 m。

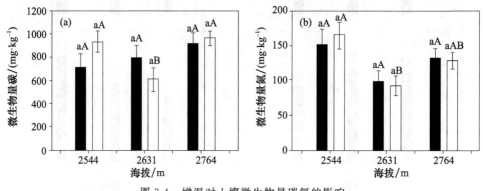

图 3-4 增温对土壤微生物量碳氮的影响

3.4 小结与讨论

3.4.1 讨论

气候变化引起的土壤养分变化会对高寒生态系统过程产生重要影响[151]。温度作 为影响土壤养分变化的重要因素,影响着土壤的各种生理生化过程[152],进而会影响各 养分元素含量。由于土壤总氮来源于土壤植物残体分解和合成的有机质,因此,土壤碳 氮的变化具有一致性[153]。本研究中,近 2 a 的增温对表层土壤总氮和总碳无显著影 响。Wang 等[101]研究表明,短期增温显著增加了土壤铵态氮含量,而对土壤总碳、总 氮、有机碳和硝态氮含量没有显著影响。然而,王瑞[154]发现,增温对土壤有机碳、可溶 性有机碳、总氮、可溶性氮、可溶性有机氮、铵态氮和硝态氮含量的改变需要长期过程, 短期增温对其影响不显著。本研究中,增温对表层土壤总氮、总碳和有机碳影响较小, 可能与增温时间较短有关。本研究发现,在增温处理下,2544 m 样地表层土壤的铵态 氮含量明显上升,这与张欣等[106]和刘志江等[155]的研究结果一致。增温处理下土壤铵 态氮含量高于对照的原因是,在一定温度范围内,增温促进了氮素的转化和土壤的氨化 过程,使得氨基酸转化成了铵态氮[112]。通过模拟全球气候变暖对土壤氮动态的影响研究发现,温度升高促进了土壤的氮矿化,增加了土壤 NH_4^+-N(铵态氮)含量[156]。然而,本研究中发现,增温降低了 2764 m 土壤 NH_4^+-N 的含量,与已有研究结果不一致。出现这一结果的可能原因是,增温使土壤含水量减少,导致氮素和碳素的矿化速率降低[157];也可能与当地土壤含水量超过一定范围,净矿化速率随持水量的升高而降低有关[158]。另外,土壤类型、植被类型、地形地貌以及水分等环境因素都会造成土壤养分含量的变化[118]。可见,增温对同一海拔不同养分含量及不同海拔同一养分含量的影响不一致,可能与上述因子的影响有关。

温度升高对于土壤中速效磷含量的影响没有统一的研究结论,在温度升高条件下,速效磷含量可能出现升高或者降低两种不同的结果。在本实验中,增温提高了 2764 m 表层土壤速效磷的含量,但未达到显著性影响,这与武倩等[107]和包秀荣[108]的研究结果相同,其原因与温度升高提高了土壤中难溶性磷酸盐含量[110]和土壤磷酸酶活性[111]有关。郭红玉[112]研究表明,增温降低了土壤中速效磷的含量,但同样也未呈现出显著性差异。由于增温方式、增温时间以及草地类型等差异,增温对土壤速效磷含量的影响仍没有一致结论。

增温降低了土壤的 pH 值,但在统计学上并不显著,欧阳青等[152]的研究结果表明增温提高了土壤的 pH 值,但处理之间的差异没有达到显著性水平。Alatalo 等[159]在高山草甸的研究表明,经过 20 a 的增温处理后,温度对于土壤 pH 值升高的影响才呈现出显著差异。因此,温度对亚高山草甸土壤 pH 值的影响还需进一步研究。

关于气候变暖对土壤微生物量影响的研究结果还存在较大的不一致性[160]。Zhou 等[161]发现,较高土壤温度下微生物活性增强,可能是因为温度升高造成了微生物呼吸指数上升,加速了有机碳的矿化,增加了碳的有效性,使微生物活性加强,生长加快,最终导致微生物量碳氮含量增加[162]。也有研究认为,温度升高对土壤微生物的生物量没有显著影响[123,163],这说明增温并不一定能使高山土壤微生物量碳氮含量发生改变。本研究发现,增温对土壤微生物量碳氮含量无显著影响,这与 Wang 等[101]的研究结果一致,这可能是因为其他环境因素综合作用抵消了增温效应[164,165]。例如,增温使土壤水分含量减少,维持土壤微生物生长和繁殖的物质和水分条件受到制约,微生物数量减少,微生物量碳氮含量相应降低[162]。这将抵消增温的促进作用。

本研究还发现,五台山亚高山草甸表层土壤养分含量在不同海拔间存在显著差异。出现这一现象的可能原因是影响山地土壤养分质量分数的因素有很多,不同海拔高度的温度、湿度、植物群落类型、土壤类型均有所不同,这导致了土壤养分质量分数随着海拔高度变化而呈现不同的梯度变化格局[166-168]。

3.4.2 小结

短期增温对五台山亚高山草甸 2544 m、2631 m 和 2764 m 表层土壤 pH 值和总碳、有机碳、速效磷和微生物量碳氮含量均无显著影响;增温显著提高了 2764 m 土壤总磷含量;增温显著增加了 2544 m 土壤硝态氮、铵态氮和无机氮含量;增温对 2631 m 土壤硝态氮、铵态氮和无机氮含量无显著影响;增温显著降低了 2764 m 铵态氮和无机氮含量,对土壤硝态氮含量无显著影响;土壤养分含量和微生物量碳氮含量在不同海拔间存在显著差异。土壤养分对增温和海拔梯度的响应差异,可能是土壤类型、植被类型、地形地貌以及水分等环境因素综合作用的结果。

第 4 章

增温对草甸植物群落结构的影响

4.1　引言

自工业革命以来,全球地表持续升温,预计未来温度会以更快的速度上升[169],并且高寒区域的气候变化幅度更大[6]。气候变化所带来的一系列环境问题(如全球变暖、降水时空分布格局变化等)及其对生态系统产生的重要影响越来越受到国际社会的重视[169,170]。

低温是限制高寒草地植物生长的关键因子之一,模拟增温一定程度上满足了植物对热量的需求,有利于植物的生长和发育。增温在影响植物物候的同时,也改变了植物的种间关系,影响植物群落的结构和组成[171]。有研究发现,增温条件下高寒草甸群落总盖度呈现逐年上升的趋势,且植物群落的平均高度与温度和实验时间呈正相关[172]。也有研究发现,增温对群落盖度无明显影响[173]。然而,宗宁等[174]对藏北高寒草甸的研究表明,全年增温和冬季增温都显著降低了群落盖度。高寒草甸群落盖度对增温的响应受海拔梯度的影响,如 Fu 等[165]研究发现,增温显著降低了海拔 4313 m 的群落盖度,而对海拔 4513 m 和 4693 m 的盖度没有显著影响。不同物种/功能型植物对温度的适应性和敏感性不同,对增温适应模式不同。李娜等[175]发现,增温降低了高寒草甸禾草和莎草盖度,增加了杂草盖度。宗宁等[174]发现,增温降低了禾草、莎草、菊科和其他杂草植物等功能群植物的盖度。也有研究发现,增温对禾草和杂草的盖度没有显著影响[176]。

增温可以通过影响土壤含水量和养分有效性而影响植物的生长、繁殖和资源竞争及分配策略[46]。不同的植物或功能群的反应可能不尽相同,这将导致物种组成和多样性的变化,进而影响到植物生产力[80,177,178],植物群落演替方向和速度都会随之发生改变[179]。李英年等[180]对高寒矮嵩草草甸进行 5 a 模拟增温后发现,其物种丰富度明显降低,耐旱禾草类比例明显增大,杂草比例下降。Peng 等[181]和Wang 等[177]的研究发现,增温使高寒草甸植物功能群向禾草类和杂草类转变,而莎草类植物相对减少。陈骥等[182]对高寒草原的研究表明,短期模拟增温没有影响到群落的物种丰富度,但改变了物种的重要值。Ganjurjav 等[176]的研究发现,增温显著降低了高寒草原群落丰富度和 Shannon-Wiener 指数(香农-威纳指数)。然而,也有实验表明,增温对高寒草甸群落丰富度和 Shannon-Wiener 指数没有显著影响[70,175]。

亚高山草甸作为一种重要的草地生态系统类型,地处高寒地带,对气候变化响应极为敏感,是监测气候变化的理想实验场所和研究生物多样性保护的热点地区[183]。近年来,由于过度放牧、旅游活动和自然气候的影响,亚高山草甸面临着严重的退化问题[132]。气候变化通过影响陆地生态系统的植物群落结构,最终会影响其功能。但现阶段有关增温对亚高山草甸植物群落影响的研究较少。为此,选取五台山亚高山草甸进行短期模拟增温实验,研究短期增温作用下植物群落结构和物种多样性的变化,探究温度升高对亚高山草甸植物群落的影响及机制,以期为增温对全球陆地生态系统影响研究提供数据支持,同时还能为我国亚高山草甸经营管理提供科技支持。

4.2　材料与方法

4.2.1　实验设计

研究区概况与实验设计详见第 2 章内容。

4.2.2　植被群落调查和分析

2022 年 8 月,采用样方法进行植物群落调查,在海拔 2800 m、2900 m 和 3000 m 样地的每个实验小区,使用 100 cm×100 cm 的样方框,记录样方内的物种名称(精确到种),测定群落总盖度及各物种分盖度。对于每个物种,选择 3～5 株,用直尺测量其自然高度,计算所得均值为该物种的高度。用某种植物高度与群落中所有植物高度之和的比值代表该种植物的相对高度。用某种植物分盖度与群落中所有植物分盖度之和的比值代表该种植物的相对盖度。用每种植物相对高度和相对盖度计算其重要值,并通过重要值计算物种多样性。物种多样性采用 Shannon-Wiener 指数(香农-威纳指数)、Simpson 指数(辛普森指数)和 Pielou 指数(均匀度指数)表示[184]。计算公式如下:

$$I_V = (r_h + r_c)/2 \tag{4-1}$$
$$R = S \tag{4-2}$$
$$H = -\sum P_i \ln P_i \tag{4-3}$$
$$D = 1 - \sum P_i^2 \tag{4-4}$$
$$J = (-\sum P_i \ln P_i)/\ln S \tag{4-5}$$

式中:I_v 为重要值,r_h 为相对高度,r_c 为相对盖度,R 为丰富度指数,S 为样方框内的物种数,H 为 Shannon-Wiener 指数,D 为 Simpson 指数,J 为 Pielou 指数,i 为样方框内的植物物种,P_i 为第 i 个物种的重要值。

4.2.3　统计分析

采用 Excel 2010 对数据进行平均值、标准误计算等描述性统计分析,利用 SPSS

18.0 中的 T 检验分析增温处理与对照的植物群落特征的差异性,采用重复单因素方差分析比较海拔梯度对植物群落多样性指数的影响,采用 Sigmaplot 12.5 软件作图。

4.3　结果

4.3.1　增温对物种组成及重要值的影响

增温近 2 a,对草甸的物种组成及其重要值均有一定的影响。其中,在海拔 3000 m 样地,增温降低了嵩草的重要值,对其他物种重要值无显著影响;增温草地物种数为 15 种,对照草地物种数为 13 种,植物种数增加 15.38%;增温和对照草地最丰富的 3 种植物种是苔草、嵩草和紫苞风毛菊,其重要值在增温和对照草地中分别占群落重要值的 50.03% 和 60.40%(表 4-1)。在海拔 2900 m 样地,增温降低了嵩草和火绒草的重要值,对其他物种重要值无显著影响;增温草地物种数为 20 种,对照草地物种数为 16 种,植物种数增加 25%;增温和对照草地最丰富的 3 种植物种是苔草、嵩草和珠芽蓼,其重要值在增温和对照草地中分别占群落重要值的 46.84% 和 57.68%(表 4-2)。在海拔 2800 m 样地,增温分别降低和增加了嵩草和苔草的重要值,对其他物种重要值无显著影响;增温草地物种数为 21 种,对照草地物种数为 15 种,植物种数增加 40%;增温和对照草地最丰富的 3 种植物种是苔草、嵩草和珠芽蓼,其重要值在增温和对照草地中分别占群落重要值的 52.01% 和 53.24%(表 4-3)。

表 4-1　海拔 3000 m 亚高山草甸增温和对照草地群落的植物物种组成及重要值

植物种	科	增温	对照	T	P
嵩草	莎草科	0.1457±0.0059	0.2754±0.0087	−12.299	<0.001
苔草	莎草科	0.2345±0.0095	0.2141±0.0207	0.893	NS
珠芽蓼	蓼科	0.0995±0.0031	0.1142±0.0239	−0.609	NS
紫羊茅	禾本科	0.1082±0.0050	—	—	—
紫苞风毛菊	菊科	0.1201±0.0227	0.1145±0.0736	0.073	NS
火绒草	菊科	0.0567±0.0285	—	—	—
莓叶委陵菜	蔷薇科	0.0374±0.0110	0.0582±0.0088	−1.48	NS
蒲公英	菊科	0.0126±0.0068	0.0172±0.0172	−0.25	NS
瓣蕊唐松草	毛茛科	0.0183±0.0093	0.0402±0.0069	−1.891	NS
蒙古黄芪	豆科	0.0250±0.0092	0.0332±0.0227	−0.337	NS
秦艽	龙胆科	0.0222±0.0165	0.0306±0.0306	−0.241	NS

植物种	科	增温	对照	T	P
双花堇菜	堇菜科	0.0277±0.0054	0.0121±0.0121	1.178	NS
野罂粟	罂粟科	0.0304±0.0044	0.0342±0.0178	−0.212	NS
高原毛茛	毛茛科	0.0550±0.0358	—	—	—
蓝花棘豆	豆科	0.0068±0.0068	0.0336±0.0176	−1.417	NS
扁蕾	龙胆科	—	0.0224±0.0224		

注：NS 表示差异不显著，下同。

表 4-2 海拔 2900 m 亚高山草甸增温和对照草地群落的植物物种组成及重要值

植物种	科	增温	对照	T	P
嵩草	莎草科	0.1551±0.0035	0.2492±0.0101	−8.8	<0.01
苔草	莎草科	0.2189±0.0145	0.2003±0.0130	0.952	NS
珠芽蓼	蓼科	0.0944±0.0044	0.1273±0.0110	−2.784	NS
紫羊茅	禾本科	0.0553±0.0304	—	—	—
紫苞风毛菊	菊科	0.0519±0.0175	0.0379±0.0200	0.526	NS
火绒草	菊科	0.0437±0.0080	0.1452±0.0208	−4.56	<0.05
莓叶委陵菜	蔷薇科	0.0338±0.0010	0.0382±0.0060	−0.732	NS
蒲公英	菊科	0.0173±0.0068	0.0086±0.0086	0.792	NS
瓣蕊唐松草	毛茛科	0.0176±0.0090	0.0248±0.0025	−0.766	NS
蒙古黄芪	豆科	0.0223±0.0171	0.0090±0.0090	0.69	NS
双花堇菜	堇菜科	0.0066±0.0066	0.0063±0.0063	0.037	NS
野罂粟	罂粟科	0.0120±0.0061	—	—	—
高原毛茛	毛茛科	0.0429±0.0235	0.0579±0.0290	−0.402	NS
早熟禾	禾本科	0.0820±0.0410	—	—	—
香青	菊科	0.0447±0.0224	0.0494±0.0284	−0.128	NS
田葛缕子	伞形科	0.0122±0.0074	0.0063±0.0063	0.61	NS
藓生马先蒿	列当科	0.0135±0.0039	0.0097±0.0097	0.353	NS
细叉梅花草	虎耳草科	0.0170±0.0170	0.0236±0.0236	−0.229	NS
卷耳	石竹科	0.0226±0.0226	—	—	—
阿尔泰狗娃花	菊科	0.0363±0.0197	—	—	—
秦艽	龙胆科	—	0.0063±0.0063	—	—

表 4-3　海拔 2800 m 亚高山草甸增温和对照草地群落的植物物种组成及重要值

植物种	科	增温	对照	T	P
嵩草	莎草科	0.2141±0.0224	0.3014±0.0062	−3.761	<0.05
苔草	莎草科	0.1827±0.0081	0.1457±0.0043	4.027	<0.05
珠芽蓼	蓼科	0.1233±0.0252	0.0853±0.0113	1.377	NS
紫羊茅	禾本科	0.0349±0.0349	—	—	—
紫苞风毛菊	菊科	0.0360±0.0206	0.0248±0.0248	0.346	NS
火绒草	菊科	0.0736±0.0369	0.0816±0.0417	−0.143	NS
莓叶委陵菜	蔷薇科	0.0334±0.0036	0.0407±0.0025	−1.684	NS
蒲公英	菊科	0.0072±0.0072	0.0474±0.0135	−2.622	NS
瓣蕊唐松草	毛茛科	0.0218±0.0112	0.0446±0.0095	−1.552	NS
蒙古黄芪	豆科	0.0302±0.0067	0.0469±0.0265	−0.61	NS
秦艽	龙胆科	0.0023±0.0023	—	—	—
双花堇菜	堇菜科	0.0052±0.0027	0.0209±0.0113	−1.351	NS
野罂粟	罂粟科	0.0258±0.0258	—	—	—
高原毛茛	毛茛科	0.0369±0.0081	0.0389±0.0196	−0.093	NS
早熟禾	禾本科	0.0695±0.0363	—	—	—
香青	菊科	0.0419±0.0249	0.0959±0.0539	−0.911	NS
田葛缕子	伞形科	0.0162±0.0084	0.0094±0.0094	0.543	NS
藓生马先蒿	列当科	0.0040±0.0040	—	—	—
点地梅	报春花科	0.0187±0.0154	0.0086±0.0086	0.573	NS
龙胆	龙胆科	0.0040±0.0040	0.0080±0.0080	−0.451	NS
椭圆叶花锚	龙胆科	0.0184±0.0184	—	—	—

从植物科结构来看,在海拔 3000 m 和 2900 m 样地,增温造成草地优势莎草科植物重要值下降,对其他科和杂草的重要值影响不显著;在 2800 m 样地,增温对所有科和杂草的重要值影响均不显著;所有科和杂草的重要值在不同海拔间差异不显著(表 4-4)。

表 4-4　不同海拔亚高山草甸增温和对照草地群落的分科重要值

样地名称	莎草科	菊科	禾本科	蓼科	其他杂草
3000-w	0.3802± 0.0109aA	0.1894± 0.0033aA	0.1082± 0.0050A	0.0995± 0.0031aA	0.2228± 0.0036aA

续表

样地名称	莎草科	菊科	禾本科	蓼科	其他杂草
3000-ck	0.4895± 0.0144bA	0.1318± 0.0729aA	—	0.1142± 0.0239aA	0.2646± 0.0405aA
2900-w	0.3740± 0.0111aA	0.1939± 0.0430aA	0.1372± 0.0256A	0.0944± 0.0044aA	0.2005± 0.0162aA
2900-ck	0.4495± 0.0151bA	0.2411± 0.0661aA	—	0.1273± 0.0110aA	0.1821± 0.0720aA
2800-w	0.3968± 0.0189aA	0.1587± 0.0565aA	0.1044± 0.0557A	0.1233± 0.0252aA	0.2168± 0.0120aA
2800-ck	0.4471± 0.0051aA	0.2497± 0.0371aA	—	0.0853± 0.0113aA	0.2179± 0.0303aA

注:样地名称为海拔高度-处理,w 为增温,ck 为对照,下同。

4.3.2 增温对群落多样性指数的影响

物种多样性能够反映出群落或生态系统的稳定性,是定量认识群落组成、结构、功能和动态方面的主要测度依据。以 Shannon-Wiener 指数、丰富度指数、Simpson 指数和 Pielou 指数来表征群落的物种多样性(图 4-1)。在海拔 2800 m,2900 m 和 3000 m 的亚高山草甸,增温草地的 Shannon-Wiener 指数、丰富度指数、Simpson 指数均分别大于同一海拔的对照草地($P<0.05$);而 Pielou 指数在增温和对照草地间无显著差异。多样性指数在不同海拔间无显著差异($P>0.05$)。

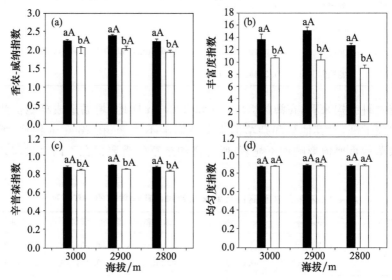

图 4-1　增温对群落多样性指数的影响

4.4　小结与讨论

4.4.1　讨论

在本研究中,OTC 的增温作用直接导致了 OTC 内土壤相对含水量的降低,这与 Wang 等[185]的研究结论相一致,即随着全球变暖,五台山区域气候将呈现出暖干化的趋势,气候因素的变异,将成为诱发生态变异的动力。在 3 个海拔样地,莎草科的嵩草和苔草是对照样地中占绝对优势的物种,增温处理后,嵩草的重要值显著下降;在 2800 m 的增温样地,苔草的重要值显著升高,在 2900 m 的增温样地,火绒草的重要值显著降低,二者在其他海拔的重要值无显著变化。此外,本研究还发现,与对照相比,3 个海拔增温样地均出现了禾本科植物紫羊茅。这是由于 OTC 的增温作用在一定程度上满足了植物对热量的需求,从而改变了植物群落的小气候环境,最终导致植物的生长发育受到了一定影响。Alward 等[186]和 Pauli 等[187]的研究结果也表明,在全球变暖背景下,对于任意一个植物群落来说,总有一些物种对增温的响应更为敏感,进而会破坏种间竞争关系,导致群落的优势种和组成发生改变。上述研究结果也表明,增温对不同功能群物种的影响存在显著差异。

全球气候变化引起的温度和降水格局的改变,势必会影响植物群落物种多样性[188]。温度升高对物种多样性的促进或是抑制作用,与增温时间和增温幅度有关[189,190]。目前,关于高寒草甸植被物种多样性对气候变化的响应,有正效应[191]、负效应[176]和响应不敏感[192]的研究结果。李娜等[175]对高寒沼泽草甸的研究表明,增温对物种丰富度没有显著影响。Yang 等[193]对高寒沼泽草甸的研究表明,增温处理显著降低了植物群落丰富度指数,物种多样性指数和均匀度指数亦呈降低趋势,莎草科植物的丢失导致了高寒沼泽草甸物种丰富度和多样性指数的显著降低。然而,本研究发现,除均匀度指数外,在同一海拔亚高山草甸增温样地的植物群落多样性指数均显著大于对照样地,与过往研究结果的不一致可能与研究区域的不同有关。本研究区域年平均气温为 −4.2 ℃[194],受低温胁迫严重,模拟增温刚好缓解了这种胁迫,使得区域的生境得到改善,物种多样性增加。由于不同草地类型的土壤条件和水热状况等不同,导致其植被物种多样性对增温响应的表现也不同[175]。此外,温静等[195]研究发现,增温时间的长短不同,对高寒草地的物种多样性影响也不同。牛书丽等[196]认为,生态系统不同组分和过程对温度的敏感性不同,短期的增温实验往往不能得出作为整体的生态系统响应与适应全球变暖的正确结论。

本研究中发现,对照样地的 Shannon-Wiener 指数、Simpson 指数、丰富度指数和 Pielou 指数在 3 个海拔梯度间无差异。然而,刘哲等[197]的研究表明,在同一座山体上,中间海拔梯度有较高的物种多样性。这与本研究结论不同,也不符合 Locey 等[198]总结的陆地物种多样性的海拔梯度变化模式中的中间高度膨胀模式。关于物种多样性随海拔的变化呈现单峰分布格局,可能是人为过度干扰、水热环境与物种竞争能力三重因素共同作用形成的:低海拔地区,环境相对优越,竞争力强的物种会在群落中占据优势,但人类活动的过度干扰导致某些物种的丧失,因此其物种多样性低;高海拔地区,水热条件比低海拔地区恶劣,物种的适应能力和竞争能力弱,导致物种的消失,因此其物种多样性低;而中海拔地区,人为干扰较低海拔地区少,水热条件较高海拔地区好,因此其物种多样性最高[197]。本研究中物种多样性在不同海拔间无明显差异,可能与实验样地间海拔距离较小及所遭受的干扰强度相似等有关。

4.4.2　小结

增温对五台山亚高山草甸群落结构和物种多样性产生了显著影响。增温分别降低和增加了 2800 m 亚高山草甸嵩草和苔草的重要值,增温降低了 3000 m 亚高山草甸嵩草的重要值,增温降低了 2900 m 亚高山草甸嵩草和火绒草的重要值。增温显著提高了五台山亚高山草甸植物群落丰富度指数、Shannon-Wiener 指数、Simpson 指数,但并未显著改变其 Pielou 指数,多样性指数在不同海拔间无显著差异。综上所述,五台山亚高山草甸群落结构和物种多样性对短期模拟增温(2 个生长季)的响应是敏感而迅速的。本研究只揭示了模拟增温对这两种群落的短期影响。

第 5 章

增温对土壤微生物群落结构的影响

5.1 引言

土壤微生物是土壤中最丰富、变化最大的有机物[198],其有着庞大的物种多样性,在生态系统的物质循环和能量流动中起着关键作用[199]。土壤微生物能通过群落组成和结构变化较敏感地反映土壤条件的改变[200]。自工业革命以来,由于化石燃料燃烧、土地利用方式改变以及人类活动的影响,全球气候已发生明显变化。IPCC 第五次评估报告结果表明,由于温室气体排放量增加导致的气候变暖问题日益严重,尤其是高纬度和高海拔地区更为明显[201]。全球气候变暖引起的土壤温度、土壤含水量和土壤养分有效性等的微小变化都可能直接或间接地影响土壤微生物的生长、活性和群落结构,进而改变土壤微生物的生物量[202,203]。

国内外学者已广泛开展了增温对土壤微生物影响的研究。以往研究显示,气候变暖可能会影响土壤微生物群落结构。例如,增温导致温带草原土壤细菌和真菌群落的生物量显著增加[204,205],也可能单独提高土壤细菌或真菌群落的丰度,而不影响其他群落[206,207]。此外,有些研究发现,增温可能并不能改变土壤微生物的群落结构[128,208]。这些研究很大程度上促进了学术界对土壤微生物群落对气候变暖响应的认识。最新的一项整合分析显示,在全球 11 类生态系统的 25 个原位增温实验中,仅有两个实验来自低温地区[209]。可见,以往的研究主要集中在温带地区,来自寒冷地区的证据较为缺乏。实际上,低温条件下土壤微生物群落对气候变暖十分敏感[210,211]。例如,最近的一项研究指出,在北极冻土区,增温 1.5 a 显著改变了土壤中与碳氮循环相关的微生物功能类群[211]。王学娟等[212]在开展增温对长白山苔原土壤微生物群落结构的影响实验中也发现,增温改变了土壤微生物的群落结构。因此,关于低温地区土壤微生物如何响应气候变暖这一问题值得进一步研究。

5.2 材料与方法

5.2.1 实验设计

研究区概况与实验设计详见第 2 章内容。

5.2.2 土壤微生物群落结构测定

使用高通量测序方法测定土壤微生物群落结构。2020 年 8 月,在海拔 2544 m、2631 m 和 2764 m 样地的每个样方,分别用土钻取 3 钻表层土(0~20 cm),合并为 1

个土样,去除根系,带回实验室,在 −80 ℃ 冰箱保存用于微生物测序分析。取 0.5 g 土壤,使用 MP FastDNA spin kit 抽提 DNA,并使用 1% 的琼脂糖凝胶电泳检测抽提质量。使用 ABI GeneAmp 9700 进行 DNA 扩增,每个样本设置 3 个重复。细菌的引物分别是 515F(5'-GTGCCAGCMGCCGCGG-3')和 907R(5'-CCGTCAATTC-MTTTRAGTTT-3')区域。使用 2% 的琼脂凝胶提取 PCR(多聚酶链式反应)产物,并使用 AxyPrepDNA 进一步纯化 PCR 产物,随后使用 QuantiFluorTM-ST 蓝色荧光定量系统对 PCR 产物进行定量分析。纯化后的扩增子以等浓度混合,并根据美吉生物公司的标准协议,在 Illumina MiSeq 平台上对高通量 16S rRNA(核糖体 RNA)或其 rRNA 基因进行配对测序。最后在 Usearch 平台对原始序列按照 97% 相似度进行聚类,得到 OTU(操作分类单元)数据表,聚类过程中去除嵌合体。细菌与 Silva 数据库进行比对,获得分类学信息。

5.2.3　数据处理

微生物多样性分析使用 vegan 包完成,用冗余分析检验环境因子与微生物群落结构之间的关系,采用主成分分析研究不同处理样地土壤微生物群落结构之间的差异性。冗余分析和主成分分析在 Canoco 4.5 中完成,所有的统计分析和数据可视化均在 R 3.5.1 中完成。

5.3　结果

5.3.1　增温对土壤理化性质的影响

由表 5-1 可知,在海拔 2544 m 样地,增温增加了土壤 NH_4^+-N(铵态氮)和 NO_3^--N(硝态氮)含量($P < 0.05$)。在海拔 2764 m 样地,增温分别降低和增加了土壤 NH_4^+-N 和总磷含量($P < 0.05$),但对其他养分无显著影响。另外,增温对海拔 2631 m 样地的土壤理化指标均无显著影响($P > 0.05$)。

表 5-1　不同增温处理对土壤理化性质的影响

海拔高度/m	处理	pH值	总磷/(g·kg^{-1})	速效磷/(mg·kg^{-1})	有机碳/(g·kg^{-1})	总氮/(g·kg^{-1})	微生物碳/(mg·kg^{-1})	微生物氮/(mg·kg^{-1})	NH_4^+-N/(mg·kg^{-1})	NO_3^--N/(mg·kg^{-1})
2544	增温	4.34a	0.71a	7.17a	54.31a	5.04a	710.16a	150.72a	17.87a	5.41a
2544	对照	4.68a	0.77a	7.17a	54.10a	4.84a	928.02a	165.53a	12.50b	2.91b

续表

海拔高度/m	处理	pH值	总磷/(g·kg⁻¹)	速效磷/(mg·kg⁻¹)	有机碳/(g·kg⁻¹)	总氮/(g·kg⁻¹)	微生物碳/(mg·kg⁻¹)	微生物氮/(mg·kg⁻¹)	NH_4^+-N/(mg·kg⁻¹)	NO_3^--N/(mg·kg⁻¹)
2631	增温	4.80a	0.84a	7.30a	55.63a	5.34a	797.01a	98.42a	14.49a	9.73a
2631	对照	4.88a	0.69a	7.43a	39.77a	4.06a	607.83a	91.27a	10.91a	13.42a
2764	增温	4.78a	1.15a	9.83a	46.59a	5.32a	913.11a	131.22a	12.10a	4.97a
2764	对照	4.81a	0.97b	7.73a	59.98a	6.19a	961.62a	128.00a	17.24b	6.51a

注：不同小写字母表示差异显著（$P<0.05$）。

5.3.2　增温对细菌多样性的影响

由图 5-1 可知，细菌 Simpson 指数由高到低依次为 2764-w＞2764-ck＞2631-ck＞2544-ck＞2544-w＞2631-w。结果表明，相较于对照，增温提高了海拔 2764 m 土壤样品的细菌群落多样性，却降低了海拔 2631 m 和 2544 m 土壤样品的多样性指数。但增温和海拔梯度对细菌多样性指数无显著影响（$P>0.05$）。

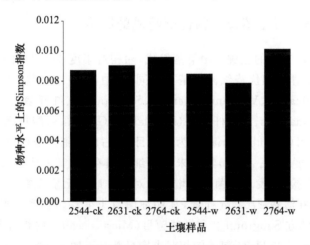

图 5-1　不同增温处理对细菌多样性指数的影响

5.3.3　增温对土壤微生物物种组成的影响

维恩图能直观反映出不同样本中细菌种群丰富程度和样本间的物种组成差异，如图 5-2 所示。2544-ck、2631-ck、2764-ck、2544-w、2631-w 和 2764-w 的 OTU 总数分别为 2667、2701、2662、2661、2679 和 2677。6 个样本共有的 OTU 数为 2577。2544-ck、2631-ck、2764-ck、2544-w、2631-w 和 2764-w 特有的 OTU 数分别为 90、

124、85、84、102 和 100。其中,2631-ck 土壤样本中特有的 OTU 数最多,预示着该样本中特有的微生物种类较多。

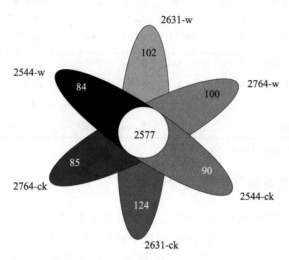

图 5-2　不同增温处理下土壤细菌在 OTU 水平上的维恩图

5.3.4　增温对土壤微生物群落组成的影响

图 5-3 为目水平上的土壤细菌群落组成,除相对丰度小于 1% 的类群外,共得到 29 个类群。各处理土壤优势细菌目基本相同,其中,伯克氏菌目(Burkholderiales)、根瘤菌目(Rhizobiales)、Vicinamibacterales、Subgroup_7、红杆菌目(Solirubrobacterales)、Pyrinomonadales、芽孢杆菌目(Bacillales)、Gaiellales、酸杆菌目(Acidobacteriales)和罗库菌目(Rokubacteriales)为优势目,约占所有细菌群落总数的 50%,其余细菌类群相对丰度较低。同时,具有未分类细菌目存在,其占比较大,达 20% 以上。对优势目进行 T 检验,发现细菌目在增温和对照样地间无显著差异。对非优势目进行 T 检验,发现在海拔 2764 m 样地,某些细菌目丰度在增温和对照间具有显著差异。例如,对照样方 Subgroup_2 和微球菌目(Micrococcales)的相对丰度显著低于增温样方,然而对照样方 11-24 菌目的相对丰度显著高于增温样方。此外,发现某些优势目在海拔间存在显著差异。例如,Subgroup_7 和酸杆菌目在海拔 2764 m 的相对丰度显著高于 2544 m 和 2631 m。

在属分类水平上,将 2544-ck、2631-ck、2764-ck、2544-w、2631-w 和 2764-w 土壤样品中细菌相对丰度排序前 30 的细菌属,通过群落组成分析,物种和样本间相似性的丰度会进行聚类,并将结果呈现在群落热图(Heatmap)上,可使高丰度和低丰度的物种分块聚集。在属水平上,土壤中细菌根据丰度高低共聚成 3 个大簇,丰度高低次序为:第 I 簇＞第 II 簇＞第 III 簇(图 5-4)。

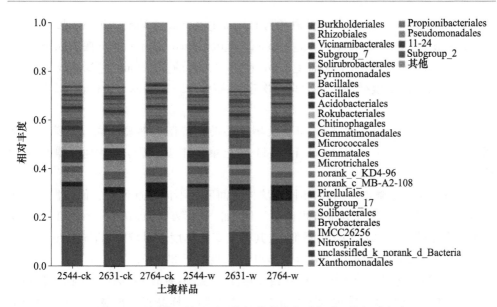

图 5-3　不同增温处理下土壤细菌群落在目水平上的相对丰度

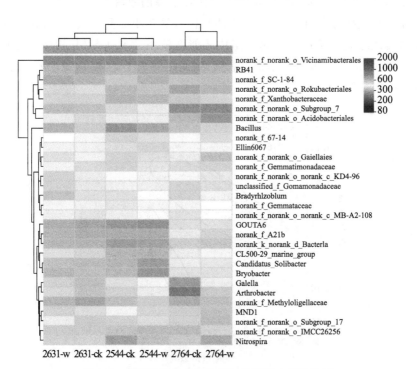

图 5-4　不同增温处理下土壤细菌属层次聚类热图

（基于相似度矩阵对样本进行层次聚类，同时也基于细菌属
在同样本中出现的丰度为特征，对细菌属进行层次聚类；图中每列对应 1 个样本）

第Ⅰ簇包含了高丰度细菌,主要种类为 norank_f_norank_o_Vicinamibacterales、酸杆菌属(RB41)、norank_f_SC-l-84、norank_f_norank_o_Rokubacteriales、黄色杆菌属(norank_f_Xanthobacteraceae)、norank_f_norank_o_Subgroup_7、norank_f_norank_o_Acidobacteriales。这 7 个属在不同土壤样品中丰度高低次序为:2764-w＞2764-ck＞2631-ck＞2631-w＞2544-ck＞2544-w。

第Ⅱ簇包含了中丰度细菌,不同土壤样品的优势菌群明显不同,如:芽孢杆菌属(*Bacillus*)在 2631-w、2544-ck 和 2544-w 土壤中丰度极低,在其他土壤中丰度较高。

第Ⅲ簇包含了微丰度细菌,不同土壤样品间明显不同。这说明它们的群落结构差异明显,而且它们的优势菌群也明显不同,如:节杆菌属(*Arthrobacter*)在 2544-w 土壤中丰度最高,在 2764-ck 中最低,在其他土壤中丰度相对较高;Candidatus_Solibacter 和杆菌属(*Bryobacter*)在 2764-w 中的丰度高于 2764-ck。

基于 OTU 水平的 Bray-Curtis(相异矩阵系数)距离的 PCoA(主坐标分析),对不同样地的细菌群落组成进行了组间分析(图 5-5)。样品点距离越近,微生物群落的相似度越高。分析显示,2764-w 和 2764-ck 土壤的物种组成有显著差异;其他样本聚集在一起,说明这些样本的细菌群落结构差异较小。同时发现,海拔 2764 m 土壤样品与其他海拔土壤样品的物种组成相似度较小。ANOSIM(相似性分析)检验(细菌 $R=0.4364, P=0.001$)结果也表明,组间差异大于组内,这说明不同土样间物种组成有一定差异。

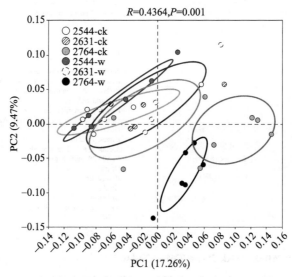

图 5-5　基于属水平进行的土壤细菌群落组成的主坐标分析

(横、纵坐标轴的刻度代表相对距离,无实际意义;PC1 和 PC2 分别代表第一主成分和第二主成分轴)

5.3.5　细菌群落与土壤理化性质的相关性

图 5-6 为细菌群落与土壤理化性质的关系。冗余分析（RDA）结果显示，排序轴能够解释微生物群落结构变异的 21.58%（x 轴为 17.21%，y 轴为 4.37%。在测定的土壤理化性质中，解释群落结构变异的 4 个主要环境变量分别是 NO_3^--N、NH_4^+-N、MC 和 MN，其中，土壤 MC（$P=0.002$）和 MN（$P=0.001$）显著影响了土壤细菌群落结构变化，是最主要的驱动因子；NO_3^--N（$P=0.112$）和 NH_4^+-N（$P=0.09$）的影响相对较小。

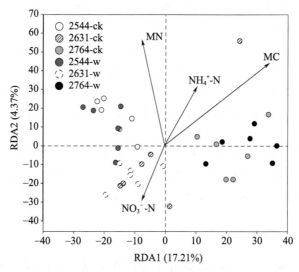

图 5-6　基于属水平的土壤细菌群落组成与土壤理化性质的冗余分析
（MC 为微生物量碳含量，MN 为微生物量氮含量）

5.4　小结与讨论

5.4.1　讨论

已有研究表明，气候变暖可能改变土壤微生物群落的多样性[213]。本实验增温处理后，土壤细菌群落的 Simpson 指数均无显著变化，这表明土壤微生物群落多样性对短期增温的响应不显著。这与 Schindlbacher 等[125]在温带山地森林中的研究结果一致。然而，Sheik 等[214]、Yu 等[215]和章妮等[122]的研究却发现，增温会导致土壤微生物的群落多样性发生变化。上述不同结果可能是由于气候、植物及土壤等因子的差异所导致的[216]。

　　土壤微生物对生存的微环境变化极为敏感,温度升高会影响土壤微生物的群落结构[122]。Papatheodorou 等[217]的研究表明,相较于其他土壤微生物群落特征,土壤微生物的群落组成可能对环境变化更为敏感。本实验中,增温处理对已确定的 10 个细菌优势目的相对丰度无显著影响,却发现在海拔 2764 m 样地,对照样方 Subgroup_2 和微球菌目的相对丰度显著低于增温样方,对照样方 11-24 菌目的相对丰度显著高于增温样方。可见,增温改变了细菌群落结构。已有的研究也表明,温度升高对土壤微生物群落结构有影响[218-220]。同时发现,某些优势目,如 Subgroup_7 和酸杆菌目在海拔间存在显著差异。及利[221]在研究海拔梯度和增温对寒温带落叶松天然林土壤微生物群落特征的影响时也发现,海拔高度改变了土壤微生物的群落组成。

　　土壤 pH 值、有机质含量等土壤理化性质,被认为是影响土壤微生物群落结构的主要因素[222]。但是本研究发现,增温条件下的微生物群落结构与土壤 pH 值、土壤总氮、总磷、速效磷、铵态氮和硝态氮含量并不存在显著的相关性,MC 和 MN 含量改变才是导致土壤微生物群落结构变化的主要因素。因此,在用模型预测未来气候变暖条件下高寒草地土壤微生物群落结构变化的方向和强度时,MC 和 MN 含量应被考虑为重要的调控因素。此外,本研究所选取的土壤理化指标较少,对土壤微生物群落结构与其他土壤关键因子,如土壤团聚体、电导率、碳氮比、可溶性有机氮、溶解氧、盐基离子等的相关关系尚未阐明,有待进一步研究。

5.4.2　小结

　　本研究采用高通量测序技术,研究了不同增温处理下海拔 2544 m、2631 m 和 2764 m 的五台山亚高山草甸土壤中微生物群落结构特征。结果发现,增温对土壤细菌群落多样性无显著影响。增温改变了细菌群落结构,伯克氏菌目、根瘤菌目和 Vicinamibacteral 为本研究土壤优势细菌类群。增温对细菌优势目的相对丰度无显著影响,却降低或提高了某些非优势目的相对丰度。土壤细菌群落多样性在不同海拔间无显著差异,但某些优势目在不同海拔间存在显著差异。MC 和 MN 是引起本研究土壤微生物群落结构变异的主要土壤因子。

第 6 章

增温对草甸生物量的影响

6.1　引言

草地作为陆地上分布最为广泛的生态系统类型之一,在全球碳循环和气候调节中起着重要作用[23,223]。草地生物量既能反映草地能流、物流和第一生产力,也能反映草地群落或生态系统功能强弱[224]。准确测定草地生物量大小,揭示其地上与地下分配关系及其与环境因子关系,对于评估其 CO_2 源汇功能,预测草地生态系统与全球变化动态关系具有重要意义[225]。温度对植物的直接性影响指温度增加将使植物的光合特性产生变化[46],从而影响植物的生长发育并改变植物的物候特性[47];间接性影响指通过改变植被的土壤特性来影响生物量的生产性能及分配状况[226,227]。全球气候变暖已成为不争的事实,据模型估计,全球气温将升高 $1.1 \sim 6.4$ ℃[5]。升温幅度在高纬度和高海拔地区会更大,青藏高原的变暖趋势尤其突出[228,229]。陆地及其生态系统对气温增加的响应已成为植物生态学的研究热点之一。植物生长及干物质的分配对温度的响应取决于物种及其环境,温度变化对不同类型植物的影响不同,例如增温提高了高纬度冻原地区植物的生物量[230],改变了其群落结构,促进了灌木的生长[53]。增温提高了海北矮嵩草草甸群落中禾草的生物量,降低了杂草的生物量[68]。同样,高寒草甸生产力对模拟增温的响应存在差异,增温初期响应较为敏感,生物量显著增加[52,68]。长期、大幅增温,使高寒草甸生物量出现不同程度的减少[180,231]。由于增温时间和增温幅度的不同,再加上高寒草甸各功能群植物对温度敏感性的不同适应模式,使得其群落结构、生物量及生产力对气候变化的响应存在不确定性[84,171,232]。

6.2　材料与方法

6.2.1　实验设计

研究区概况与实验设计详见第 2 章内容。

6.2.2　草甸生物量的测定

2022 年 8 月,采用样方法进行植物群落调查,在海拔 2800 m、2900 m 和 3000 m 样地的每个实验小区,使用 100 cm×100 cm 的样方框,记录样方内的物种名称(精确到种),测定群落总盖度及各物种分盖度。选择各物种 3～5 株,并用直尺测量其自然高度作为该物种的平均高度。各物种地上生物量估算分别采用前人已建立的树种地上生物量与盖度和株高的异速生长方程(表 6-1)[233]。所选方程符合研究区各物种的生长特点,可较准确估算其地上生物量。基于已建立的方程和调查结果,获得各物种的盖度和株高数据,求得各物种地上生物量,样地地上生物量则为样地内所有物种地上生物量之和。再根据高寒草甸地下与地上部分生物量比例系数(7.92)[234],估算各样地的地下生物量和总生物量。

表 6-1　不同植物种最适生物量估测模型

序号	物种	方程	R^2	F
1	禾叶嵩草	$y=0.033x^{0.496}$	0.707	115.742*
2	珠芽蓼	$y=0.015x+0.065$	0.852	68.796*
3	火绒草	$y=0.013x+0.188$	0.858	284.245*
4	莓叶委陵菜	$y=0.01x+0.087$	0.955	927.229*
5	蒲公英	$y=0.005x+0.071$	0.864	108.887*
6	秦艽	$y=0.005x^{1.122}$	0.923	357.415*
7	早熟禾	$y=0.008x-0.006$	0.931	605.681*
8	龙胆	$y=0.021x+0.07$	0.922	356.386*
9	其他杂草	$y=0.007x+0.013$	0.862	234.491*

注:* 代表在 0.05 水平上显著相关。

6.2.3　数据处理与统计方法

利用 SPSS 18.0 中独立样本 T 检验分析增温处理与对照的植物群落特征的差异性,基于一般线性模型(GLM)分析增温处理和海拔高度对生物量的综合影响,采用 Sigmaplot 12.5 软件作图。

6.3　结果

6.3.1　增温对土壤理化性质的影响

由表 6-2 可知,增温显著降低了海拔 3000 m 样地的土壤 pH 值($P<0.05$),且对其他海拔的土壤 pH 值也有一定程度的降低作用,但在统计学上不显著。此外,增温对 3 个海拔表层土壤的养分含量均无显著影响($P>0.05$)。

表 6-2　不同增温处理对土壤理化性质的影响

海拔高度 /m	处理	pH 值	总磷 /(g·kg⁻¹)	速效磷 /(mg·kg⁻¹)	有机碳 /(g·kg⁻¹)	总氮 /(g·kg⁻¹)	NH_4^+-N /(mg·kg⁻¹)	NO_3^--N /(mg·kg⁻¹)
3000	对照	6.73a	0.84a	4.57a	74.00a	7.29a	2.85a	31.36a
3000	增温	5.91b	0.82a	5.23a	72.80a	7.41a	1.97a	23.30a
2900	对照	5.63a	1.06a	3.87a	53.14a	5.78a	3.72a	23.97a
2900	增温	5.62a	1.14a	3.57a	55.53a	5.91a	4.02a	19.75a
2800	对照	5.61a	0.97a	3.36a	64.08a	6.64a	25.92a	9.34a
2800	增温	5.45a	0.94a	3.56a	60.36a	6.64a	24.44a	22.25a

6.3.2　增温对群落高度和盖度的影响

如图 6-1 所示,在不同海拔梯度的亚高山草甸样地,与对照相比,增温使群落高度显著增加($P<0.05$)。群落的总盖度经 OTC 的增温处理后,与对照样地相比也显著增加,其增加幅度低于群落高度。群落高度在不同海拔间差异不显著($P>0.05$);在增温样地,群落盖度在不同海拔间差异不显著,但在对照样地,2800 m 样地的群落盖度显著低于 2900 m 和 3000 m($P<0.05$)。

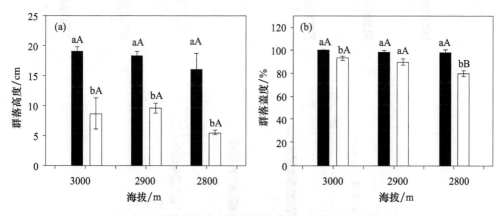

图 6-1　不同增温处理对群落高度(a)和盖度(b)的影响

如表 6-3 所示,双因素分析也发现,增温对群落高度和盖度的影响达到显著水平($P<0.001$),海拔对群落高度无显著影响,对群落盖度有显著影响。海拔与增温处理的交互作用对盖度影响显著($P<0.05$),对高度则无显著影响。

表 6-3　海拔与增温对群落高度和盖度影响的双因素分析

群落特征	增温		海拔		增温与海拔	
	F	P	F	P	F	P
高度/m	52.034	<0.001	2.264	0.147	0.18	0.837
盖度/%	44.444	<0.001	7	0.01	4.778	0.03

6.3.3　增温对草甸生物量的影响

如图 6-2 所示,增温处理下 3 个海拔的亚高山草甸的地上生物量、地下生物量和总生物量均显著高于对照处理($P<0.05$)。在增温样地,地上生物量、地下生物量和总生物量在不同海拔梯度间差异不显著($P>0.05$);在对照样地,地上生物量、地下生物量和总生物量在不同海拔梯度间差异显著($P<0.05$),生物量高低排列顺序为:2900 m>3000 m>2800 m。

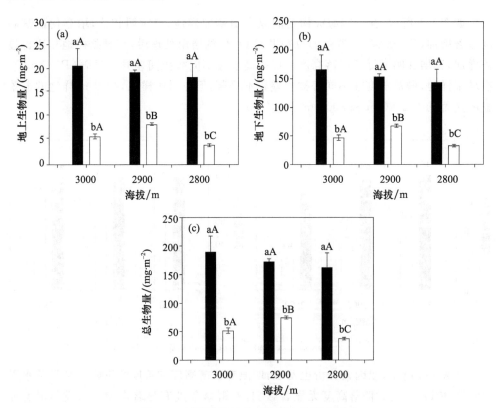

图 6-2　不同增温处理对群落生物量的影响

6.3.4 土壤理化因子与地上生物量的相关性

将亚高山草甸群落地上生物量与 $0\sim20$ cm 土层土壤养分指标进行后续 Pearson 相关性分析(表 6-4)。结果表明,地上生物量与土壤有机碳呈显著负相关关系;土壤硝态氮与土壤速效磷呈显著正相关关系($P<0.05$),而与铵态氮呈极显著负相关关系($P<0.01$);土壤有机碳分别与土壤总氮和速效磷呈极显著($P<0.01$)和显著($P<0.05$)正相关关系;土壤总氮和有机碳分别与硝态氮呈极显著($P<0.01$)和显著($P<0.05$)正相关关系。

表 6-4 群落地上生物量和土壤理化性质的 Pearson 相关性分析

	SOC	TP	NH_4^+-N	NO_3^--N	AGB	SAP
TN	0.847**	0.25	−0.211	0.526**	−0.227	0.366
SOC		−0.017	−0.068	0.562*	−0.542*	0.560*
TP			−0.145	0.214	0.016	0.042
NH_4^+-N				−0.741**	−0.248	−0.197
NO_3^--N					−0.109	0.527*
AGB						−0.298

注:SOC 为有机碳,TN 为总氮,TP 为总磷,NO_3^--N 为硝态氮,NH_4^+-N 为铵态氮,SAP 为土壤速效磷,AGB 为地上生物量;* 表示在 0.05 水平(双侧)上显著相关,** 表示在 0.01 水平(双侧)上显著相关,下同。

6.4 小结与讨论

6.4.1 讨论

低温是限制高寒草甸植物生长的关键因素。五台山亚高山草甸年平均温度仅为 -4.2 ℃,植物所处的环境温度远远低于植物生长所需的最适温度。因此,增温通常会促进植物的生长和生物量的累积。然而,温度的变化也将改变群落小环境,特殊小环境将影响植物冠层高度、光合速率、养分吸收和生长速率等,从而间接影响植物的生长和生物量的积累[76]。因此,在高寒草甸生态系统中,增温对植物生物量积累的影响是双重的,既可能是积极的促进作用,也可能是消极的抑制作用,其影响随增温幅度、持续时间以及增温方式的不同而不同[73]。本研究表明,不同温度升高水平对整个群落的高度、盖度和生物量均具有一定的影响,表现为增温显著提高了群落的高度、盖度和生物量的积累。这与吉使阿微等[235]在研究短期增温对川西北高寒草甸影响的结果一致。究其原因主要是温度升高促进了植物生长[76],植物的生长期则会延长,这将有助于草地植物获得更高的生物量[68,88,236]。前人研究发现,增温对高寒草甸生物量的影响主要受水分条件的限制[237]。在湿润和半湿润区的草地生态系统中,增温可显著提高植物生物量;反之,在干旱的草地生态系统中,增温将加剧植物生长的水分限制,进而显著降低植物生物量[238,239]。本研究所处的亚高山草甸位于五台山台顶,年雨量近 1000 mm,是山西省雨量最大的地区之一[240]。水分条件不是草地植物生长的限制因子,因此,增温后植被地上、地下生物量均呈增加趋势。大量研究表明,温度升高减少了高寒草甸群落地上生物量和总生物量的生产[53,73,241]。这主要是因为增温直接导致 OTC 内土壤含水量降低,植物可利用的水分不足以满足其生长发育所需,所以限制了其群落的高度、盖度和生物量,同时也会使得物种间竞争关系被破坏[242]。

本研究发现,植物地上生物量的提高可能导致大量土壤氮素被植物吸收利用,因此,增温样地硝态氮和铵态氮含量下降。此外,增温对土壤养分含量的影响均不显著,这可能与增温时间有关。本研究还发现,地上生物量和硝态氮和铵态氮均无显著相关性,这可能与研究样地表层土壤较高的 NH_4^+-N 和 NO_3^--N 有关。因此,植物生长对增温的响应不受二者的抑制[243]。土壤速效磷与有机碳呈显著正相关($P<0.05$),这与大多数的研究结果[244-246]相吻合。但也有少数研究表明,土壤有机碳与总磷呈显著负相关[247],这与本研究的结果相反。研究区土壤总氮和硝态氮分别与有机碳呈极显著和显著正相关关系,这是因为土壤有机碳对土壤总氮的影响较大,二者适宜的比值(土壤碳氮比)有利于微生物在有机质分解过程中的养分释放和土壤有效氮的增加,在某种程度上,土壤氮素含量决定了土壤有机碳的多少[248]。

6.4.2　小结

在五台山不同海拔梯度的亚高山草甸样地,增温使群落高度、盖度、地上生物量、地下生物量和总生物量均显著增加。这主要是因为五台山亚高山草甸植物所处的环境温度远远低于植物生长所需的最适温度。同时,研究区降雨充足,表层土壤 NH_4^+-N 和 NO_3^--N 较高,水分条件和有效氮不是草地植物生长的限制因子,因此,增温后植被高度、盖度和生物量均呈增加趋势。

第 7 章

增温对土壤呼吸的影响

7.1　引言

温室气体排放导致的全球变暖是当前重要的环境问题。到 21 世纪末（2100 年），全球平均气温将升高 $1.1 \sim 6.4\ ℃$[5]。CO_2 是最主要的温室气体，其在大气中的浓度升高也是导致全球变暖的最主要原因[249]。作为碳循环的重要环节，在气候变暖的情况下，土壤呼吸所释放的 CO_2 随地球表面温度的升高而增加。温度的上升和土壤 CO_2 排放量的增加，将加剧全球气候变暖[250,251]。因此，研究全球变暖下的土壤呼吸作用已成为当今热点问题。一些野外增温实验结果显示，温度升高会明显提高土壤的呼吸速率，这可能是温度升高影响了微生物或根系的代谢活性所导致的[252-254]。但也有研究发现，随着温度的进一步升高或较高温度持续时间的延长，土壤呼吸对温度升高响应的敏感性将逐渐降低，产生温度适应现象，从而减缓土壤呼吸随温度升高而增加的程度[255-257]。

目前，随着全球温室效应的不断加强，全球气候变化对生态系统碳循环的影响已成为当今国内外生态学家研究的主要问题之一。特别是在北半球的高纬度、高海拔地区，自然生态系统对气候变化有着极强的敏感性[258,259]。五台山亚高山草甸由于长期处于低温环境，降水量少，限制了土壤呼吸速率，积累了大量的有机碳。在全球升温的背景下，高寒地区积累的碳可能会大量释放出来，从而影响气候变化。但现阶段有关增温对亚高山草甸的植物群落、土壤呼吸等的研究较少。因此，本研究在五台山亚高山草甸采用控制性增温的实验方法，研究气候变暖对亚高山草甸土壤呼吸作用可能产生的影响，以及植物群落土壤呼吸对温度增加的响应和适应机制。

7.2　材料与方法

7.2.1　实验设计

研究区概况与实验设计详见第 2 章内容。

7.2.2　土壤呼吸的测定

2019 年 9 月、2019 年 10 月、2020 年 7 月、2020 年 8 月和 2020 年 9 月，采用便携式土壤通量测量系统 LI-8100（LI-COR）测量土壤呼吸速率。测量前一天，在尽量不扰动 PVC 土壤呼吸环中土壤的情况下，小心地沿地面剪去土壤呼吸环中所有植株的地上部分,以消除测定过程中植物光合作用的影响,24 h平衡后开始测定土壤呼吸速率。在每个测定月份上旬,选取天气晴朗(不包括降雨后)的 09:00—11:00 或 13:00—16:00 测定 1 次土壤呼吸,同时,用 LI-8100 自带的土壤温度和湿度传感器分别测定 5 cm 深度土壤的体积含水量和土壤温度。

7.2.3 数据处理与统计方法

土壤呼吸速率和 5 cm 土壤温度以及 0～5 cm 土壤体积含水率的拟合关系如下:

$$R = a\mathrm{e}^{KT} \tag{7-1}$$

$$R = aW + b \tag{7-2}$$

并基于公式(7-1)推导出全年土壤呼吸温度敏感性系数:

$$Q_{10} = \mathrm{e}^{10 K} \tag{7-3}$$

式中:R 为土壤呼吸速率($\mu\mathrm{mol}(CO_2) \cdot \mathrm{m}^{-2} \cdot \mathrm{s}^{-1}$),$T$ 为土壤温度,W 为土壤体积含水率,Q_{10} 为土壤呼吸温度敏感性系数,a、b、K 为拟合参数。

采用 Shapiro-Wilk 检验(夏皮洛-威尔克检验)分析所测定的数据是否为正态分布,利用独立样本 T 检验分别比较增温和对照处理下亚高山草甸土壤含水量、土壤温度和土壤呼吸速率的差异,采用重复单因素方差分析比较海拔梯度对土壤温度、土壤含水量及土壤呼吸速率的影响。使用指数函数模型拟合土壤呼吸与土壤温度的相关性,使用线性函数模型拟合土壤呼吸与土壤含水量的相关性。所有统计分析均在 SPSS 17.0 中完成,图表绘制均在 Word 2003 和 Sigmaplot 12.0 内完成。

7.3 结果

7.3.1 增温对土壤温度和含水量的影响

经过 OTC 装置增温后,3 个海拔样地内 0～5 cm 平均土壤温度发生明显变化(图 7-1)。其中,在 2544 m 样地,除 2020 年 7 月外,增温显著提高了土壤温度($P <$ 0.05,$n = 6$);土壤温度在 2020 年 8 月达到峰值,对照和增温处理的最大值分别为 (11.35 ± 0.10)℃ 和 (12.26 ± 0.18)℃;最低土壤温度出现在 2019 年 10 月,对照和增温处理分别为 (0.81 ± 0.04)℃ 和 (2.65 ± 0.09)℃(图 7-1a)。

在 2631 m 样地,除 2020 年 7 月外,增温均显著升高了土壤温度($P < 0.05$,$n = 6$);在对照和增温处理下,土壤最高温度均出现在 2020 年 8 月,分别为 (9.85 ± 0.05)℃ 和 (10.92 ± 0.09)℃;最低值出现在 2019 年 10 月,分别为 (0.26 ± 0.04)℃ 和 (2.01 ± 0.17)℃(图 7-1b)。

在 2764 m 样地,除 2020 年 7 月外,土壤温度在增温条件下均显著增加($P <$ 0.05,$n=6$);土壤温度在 2020 年 8 月达到峰值,对照和处理组的土壤温度分别为 (12.11±0.11)℃和(12.86±0.04)℃(图 7-1c)。

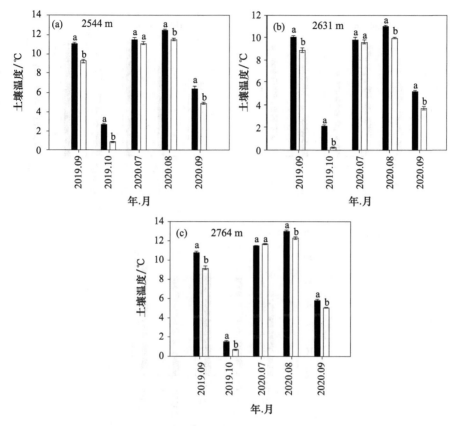

图 7-1　不同处理下 0～20 cm 土层中土壤温度的变化

经过增温后,3 个海拔样地内土壤含水量存在显著差异(图 7-2)。在 2554 m 样地,除 2019 年 9 月外,其他测量时间土壤含水量在处理间均存在显著差异($P <$ 0.05,$n=6$);其中,在 2019 年 10 月,增温提高了土壤含水量;2020 年 7—9 月,土壤含水量因增温处理而显著降低($P <$ 0.05,$n=6$);对照组土壤含水量变化范围为 36.79%～47.43%,增温组土壤含水量变化范围为 37.00%～46.64%(图 7-2a)。

在 2631 m 样地,测量期间土壤含水量在处理间均存在显著差异($P <$ 0.05,$n=6$);其中,在 2019 年 10 月,增温提高了土壤含水量;但其他月份的土壤含水量随增温处理而显著降低($P <$ 0.05,$n=6$);对照组土壤含水量变化范围为 36.93%～50.29%,增温组土壤含水量的变化范围为 38.53%～47.29%(图 7-2b)。

在 2764 m 样地,除 2019 年 9 月外,增温对土壤含水量均影响显著($P <$ 0.05,

$n=6$);其中,在 2019 年 10 月,增温提高了土壤含水量;2020 年 7—9 月,增温降低了土壤含水量($P<0.05$,$n=6$);增温组土壤含水量变化范围为 38.91%~48.00%,对照组土壤含水量变化范围为 28.50%~50.86%(图 7-2c)。

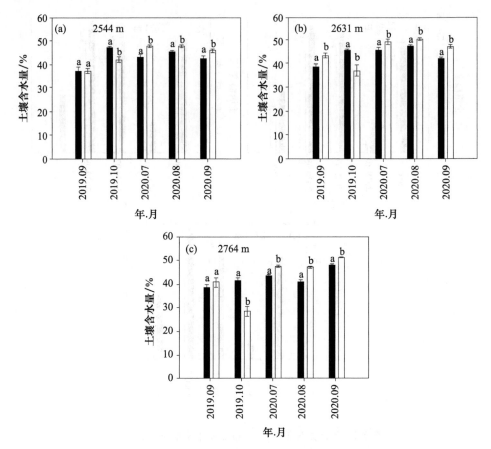

图 7-2　不同处理下 0~20 cm 土层中土壤含水量的变化

7.3.2　增温对土壤呼吸的影响

在 2544 m 样地,增温显著提高了土壤呼吸速率($P<0.05$,$n=6$)。对照和增温处理中土壤呼吸速率均在 2020 年 7 月达到峰值,分别为(6.37±0.40) $\mu mol(CO_2) \cdot m^{-2} \cdot s^{-1}$ 和(10.82±0.59) $\mu mol(CO_2) \cdot m^{-2} \cdot s^{-1}$;土壤呼吸速率最小值均出现在 2019 年 10 月,分别为(0.75±0.03) $\mu mol(CO_2) \cdot m^{-2} \cdot s^{-1}$ 和(1.36±0.11) $\mu mol(CO_2) \cdot m^{-2} \cdot s^{-1}$(图 7-3a)。

在 2631 m 样地,增温显著提高了土壤呼吸速率($P<0.05$,$n=6$)。对照和增温处理中土壤呼吸速率均在 2020 年 7 月达到峰值,分别为(7.39±0.69) $\mu mol(CO_2) \cdot m^{-2} \cdot s^{-1}$ 和(10.54±1.32) $\mu mol(CO_2) \cdot m^{-2} \cdot s^{-1}$;土壤呼吸速率最小值均出现在 2019 年 10 月,分别

为(0.78±0.06) $\mu\text{mol}(CO_2) \cdot \text{m}^{-2} \cdot \text{s}^{-1}$ 和(2.00±0.24) $\mu\text{mol}(CO_2) \cdot \text{m}^{-2} \cdot \text{s}^{-1}$(图 7-3b)。

在 2764 m 样地,增温显著提高了 2019 年 10 月、2020 年 8—9 月的土壤呼吸速率($P<0.05$,$n=6$),但对 2019 年 9 月和 2020 年 7 月的土壤呼吸速率无显著影响($P>0.05$,$n=6$)。对照和增温处理中土壤呼吸速率均在 2020 年 7 月达到峰值,分别为(9.26±0.78) $\mu\text{mol}(CO_2) \cdot \text{m}^{-2} \cdot \text{s}^{-1}$ 和(11.09±0.76) $\mu\text{mol}(CO_2) \cdot \text{m}^{-2} \cdot \text{s}^{-1}$;土壤呼吸速率最小值均出现在 2019 年 10 月,分别为(0.74±0.06) $\mu\text{mol}(CO_2) \cdot \text{m}^{-2} \cdot \text{s}^{-1}$ 和(2.48±0.38) $\mu\text{mol}(CO_2) \cdot \text{m}^{-2} \cdot \text{s}^{-1}$(图 7-3c)

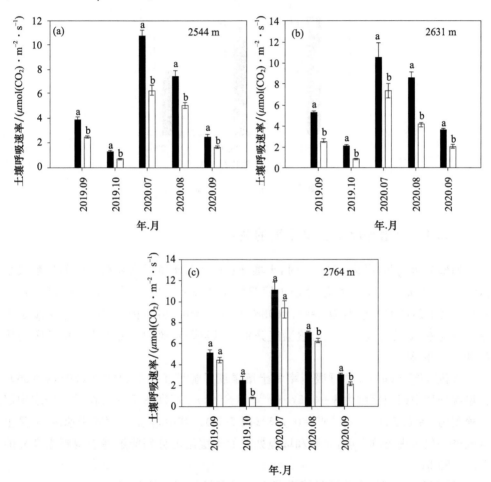

图 7-3　不同处理下土壤呼吸速率的变化

7.3.3　增温对土壤呼吸温度敏感性的影响

如图 7-4 所示,分析土壤呼吸的 Q_{10} 值发现,在 2544 m 对照和增温样地,土壤呼

吸 Q_{10} 值无显著差异($P>0.05$);然而,在 2631 m 和 2764 m 的增温样地,土壤呼吸 Q_{10} 值均显著下降($P<0.05$)。这表明土壤呼吸的温度敏感性随增温处理时间的推移有逐渐下降的趋势。海拔 2544 m、2631 m、2764 m 对照和增温组的 Q_{10} 值分别为 6.27、6.12 、7.64 和 6.52 、5.23 、3.52。

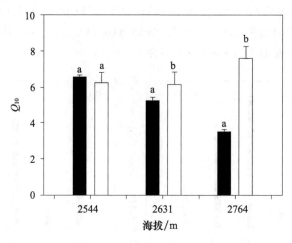

图 7-4 不同处理下的 Q_{10} 值

7.3.4 土壤呼吸与土壤温度的关系

回归分析表明,海拔 2544 m 时,土壤呼吸速率与土壤温度存在显著的指数关系($P<0.0001, n=36$)。在增温处理中回归模型为 $y=0.8291e^{0.1891x}$($R^2=0.807$)(图 7.5a),对照组的回归模型为 $y=0.4693e^{0.2194x}$($R^2=0.887$)(图 7-5b)。其中,y 是土壤呼吸速率,x 是土壤温度。土壤温度分别可以解释对照和增温处理土壤呼吸变异的 88.7% 和 80.7%。

海拔 2631 m 时,土壤呼吸速率和土壤温度呈显著正相关($P<0.0001, n=36$)。在增温处理中回归模型为 $y=1.5753e^{0.1598x}$($R^2=0.817$)(图 7-5c),在对照处理中回归模型为 $y=0.7344e^{0.2001x}$($R^2=0.785$)(图 7-5d)。其中,y 是土壤呼吸速率,x 是土壤温度。仅考虑土壤温度,对照和增温处理的土壤温度分别能解释土壤呼吸变异的 78.5% 和 81.7%。

海拔 2764 m 时,土壤呼吸速率与土壤温度呈显著正相关($P<0.0001, n=36$)。在增温样地,土壤呼吸速率与土壤温度的关系表示为 $y=1.9668e^{0.1152x}$($R^2=0.888$)(图 7-5e),在对照处理中二者关系表示为 $y=0.9621e^{0.1735x}$($R^2=0.476$)(图 7-5f)。其中,y 是土壤呼吸速率,x 是土壤温度。土壤温度分别可以解释对照和增温处理土壤呼吸变异的 47.6% 和 88.8%。

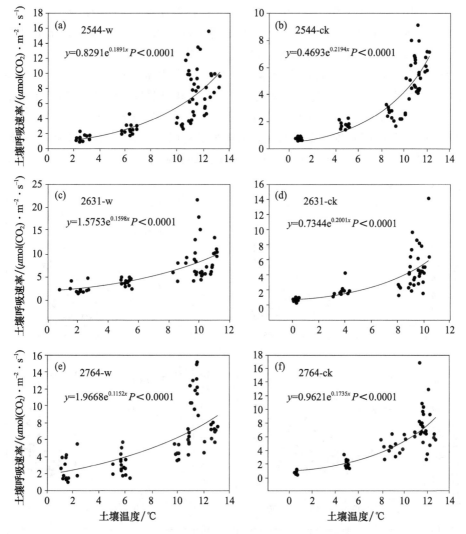

图 7-5 土壤呼吸速率与土壤温度的曲线拟合

7.3.5 土壤呼吸与土壤含水量的关系

海拔 2544 m 时,增温处理下土壤呼吸与土壤含水量不相关($P>0.05$,$n=36$)(图 7-6a),对照处理下二者呈显著正相关(图 7-6b)。在对照处理中,它们的关系表示为 $y=-4.2542+0.1731x$($R^2=0.1536$,$P=0.0008$,$n=36$)。其中,y 为土壤呼吸速率,x 为土壤含水量,即土壤含水量单独解释了对照组 15.36% 的土壤呼吸变异。

海拔 2631 m 时,土壤呼吸与土壤含水量在对照和增温处理下均呈显著正相关(图 7-6c 和图 7-6d)。在对照和增温下,它们的关系分别为 $y=-4.7771+0.1804x$

$(R^2=0.2018,P<0.0001,n=36)$ 和 $y=-7.4993+0.3079x(R^2=0.0961,P=0.009,n=36)$。其中,$y$ 为土壤呼吸速率,x 为土壤含水量,即土壤含水量分别单独解释了对照和增温处理土壤呼吸变异的 20.18% 和 9.61%。

海拔 2764 m 时,增温处理下土壤呼吸与土壤含水量不相关($P>0.05,n=36$)(图 7-6e),对照处理下则呈显著正相关(图 7-6f)。在对照处理中,它们的关系用函数 $y=-1.1556+0.1330x(R^2=0.1424,P=0.0013,n=36)$ 表示。其中,y 为土壤呼吸速率,x 为土壤含水量,即土壤含水量单独解释了对照组 14.24% 的土壤呼吸变异。

由此推断,土壤温度比土壤含水量具有更强的控制作用。

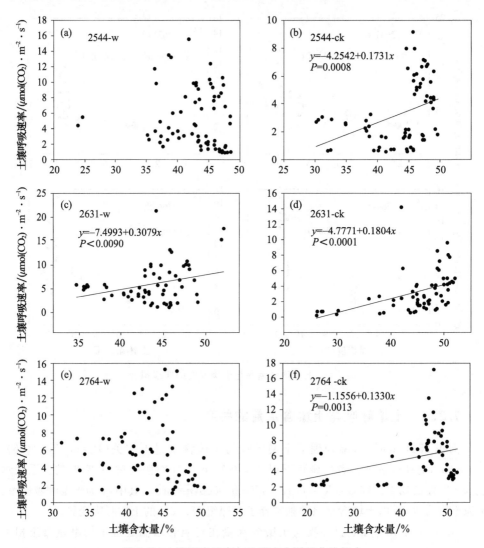

图 7-6 土壤呼吸速率与土壤含水量的曲线拟合

7.4 小结与讨论

7.4.1 讨论

温度是调节土壤呼吸最重要的因子之一。温度升高能够刺激土壤呼吸[53,260]。Tiruvaimozhi 等[261]研究发现,在热带山地草原的增温实验中,使用 OTC 可使温度升高 1.4 ℃,土壤呼吸速率随土壤温度升高程度几乎翻倍。Xu 等[262]利用红外加热在美国俄克拉荷马州的高杆草大草原上进行了 13 a 的增温实验,观察到土壤呼吸速率随温度每升高 2 ℃而显著增加。Lu 等[263]研究表明,变暖使土壤呼吸加速 9.0%,并在整合分析中使用响应比来衡量变暖效应。本研究结果表明,温度是调节五台山亚高山草甸土壤呼吸的最重要因子,短期增温对草甸土壤呼吸有促进作用。本研究中,各处理土壤温度与土壤呼吸速率均呈显著正相关,其解释量均大于相同处理的土壤水分,这与高娟等[264]所得结论一致。增温状态下的土壤呼吸速率均值是自然状态的 1.38 倍,温度升高是提高土壤呼吸速率的主要原因,这与杨文英等[265]的研究结果相同。

土壤含水量会影响土壤呼吸对气候变暖的响应。Reynolds 等[266]观察到,在土壤水分充足的情况下,变暖促进了土壤呼吸,而土壤水分不足时则会抑制土壤呼吸。张立欣等[267]和 Chen 等[50]的研究表明,变暖导致中国内蒙古和青藏高原草地土壤水分减少,从而导致土壤呼吸下降。张宇等[268]发现,在红外加热条件下,中国内蒙古沙漠草原土壤含水量降低,土壤呼吸没有增加。Yu 等[269]发现,湿润环境下土壤呼吸对变暖更为敏感。在本研究中,28.5%～50.9%的土壤含水量对土壤呼吸响应变暖没有抑制作用。除 2019 年 10 月外,其余实验期对照组土壤含水量均高于增温组。2019 年 10 月下旬,由于增温使得 OTC 内的积雪融化,增加了土壤含水量,而 OTC 外的地面仍被积雪覆盖(图 7-7)[243]。武倩[270]推测,由于气候变暖导致的土壤融化可能会暂时提高沙漠草原的土壤含水量。

不稳定碳库影响土壤呼吸对变暖的响应。土壤包含两个碳库,一个是不稳定碳库,对温度敏感;另一个是顽固性碳库,对温度不太敏感或不敏感[104,271,272]。由于不稳定碳库的消耗,土壤呼吸在一段时间后反应减弱,表现出对气候变暖的适应。Luo 等[273]首次量化了土壤呼吸对气候变暖的适应,并推测土壤呼吸对气候变暖的适应可能会减弱气候变化与陆地碳循环的反馈关系。Liu 等[274]发现,变暖降低了青藏高原高寒草甸的可分解碳和土壤水分,导致异养呼吸对变暖的响应减弱。本研究中,土壤呼吸没有表现出对气候变暖的适应。五台山亚高山草甸为天然草场,根据中国二十四节气,从谷雨到白露期间,吃草的牛在减少地上植物生物量的同时,会增加地下生物量或根系碳分配,从而增加土壤的活性碳输入[275,276]。土壤 MBC(微生物量碳含量)反映了土壤微生物的生物量大小[277]，属于土壤养分转化的不稳定碳库。在本书第 3 章中，土壤 MBC 含量较高，不同处理间差异不显著。由此推测，放牧导致的充足的不稳定碳库可能是土壤呼吸对增温响应的主要原因之一。

(a)　　　　　　　　　(b)

图 7-7　五台山亚高山草甸无雪增温样方(a)和有雪对照样方(b)

(拍摄于 2019 年 10 月下旬[243])

有效氮也影响土壤呼吸对变暖的响应。植物只能吸收和利用有效氮。NH_4^+-N 和 NO_3^--N 是土壤速效氮的主要形态，也是植物的主要养分[278]。速效氮影响植物生长，进而影响土壤呼吸[279]。在本书第 3 章中，表层土壤较高的 NH_4^+-N 和 NO_3^--N 含量表示有效氮充足。因此，土壤呼吸对增温的响应不受速效氮的抑制。

温度敏感性系数 Q_{10} 能够反映温度升高与土壤碳排放间的关系，增温会对土壤呼吸的 Q_{10} 产生显著影响。Carey 等[280]的一项整合分析发现，北方森林生态系统在增温处理下土壤呼吸的温度敏感性显著低于对照；其他生态系统，如灌丛、草原以及温带森林，在对照和增温处理下土壤呼吸的温度敏感性没有显著差异。Noh 等[281]在温带落叶阔叶林的研究发现，增温显著降低生长季早期土壤呼吸的温度敏感性。Niinistö 等[282]研究发现，芬兰东部的针叶林在增温处理 1.8～3.1 ℃后，Q_{10} 降低了 2.7%～12.7%。本研究结果显示，增温显著降低了 2631 m 和 2764 m 土壤呼吸的温度敏感性，可能是因为：温度的升高加速了土壤碳库中呼吸底物的耗竭，降低了呼吸底物的有效性，导致 Q_{10} 变小[283,284]；温度上升后，对土壤呼吸速率贡献的微生物数量达到某一定值，因此 Q_{10} 会降低[285,286]。本研究还发现，增温处理在一定程度上提高了 2544 m 样地的 Q_{10}，尽管其在统计学上不显著。相似的结果也在农作物的增温实验中被发现[287]。这种差异可能与土壤底物有效性有关，在底物充足的前提下，温度增加能够提高微生物和根系活性[288]。

7.4.2　小结

在五台山亚高山草甸进行原位 OTC 增温实验,使土壤温度和土壤呼吸速率均增高。土壤温度是影响土壤呼吸的主要因子,土壤中较高的含水量降低了土壤呼吸对土壤水分的依赖。在海拔 2631 m 和 2764 m 样地,Q_{10} 值对温度具有依赖性,其增温状态下的温度敏感性低于自然状态。更长时间的持续加热是否会改变土壤呼吸与环境因子的关系,进而引起土壤呼吸的明显变化,土壤呼吸作用对温度增加的响应和适应机制如何,这些问题尚待进一步深入研究。

第 8 章

结论与展望

8.1　主要结论

本专著以五台山亚高山草甸为研究对象,通过野外控制实验,研究了增温对亚高山草甸群落结构和碳循环的影响,并探讨了其响应机制,主要结论如下。

(1)短期增温对五台山亚高山草甸表层土壤 pH 值和总碳、有机碳、速效磷和微生物量碳氮均无显著影响;增温显著提高了 2764 m 土壤总磷含量;增温显著增加了 2544 m 土壤硝态氮、铵态氮和无机氮含量;增温对 2631 m 土壤硝态氮、铵态氮和无机氮含量无显著影响;增温显著降低了 2764 m 土壤铵态氮和无机氮含量,对土壤硝态氮含量无显著影响;土壤养分含量和微生物量碳氮含量在不同海拔间存在显著差异。土壤养分对增温和海拔梯度的响应差异,可能是土壤类型、植被类型、地形地貌以及水分等环境因素综合作用的结果。

(2)增温对五台山亚高山草甸群落结构和物种多样性产生了显著影响。增温分别降低和增加了 2800 m 亚高山草甸嵩草和苔草的重要值,增温降低了 3000 m 亚高山草甸嵩草的重要值,增温降低了 2900 m 亚高山草甸嵩草和火绒草的重要值;增温显著提高了五台山亚高山草甸植物群落丰富度指数、Shannon-Wiener 指数、Simpson 指数,但未显著改变其 Pielou 指数;多样性指数在不同海拔间无显著差异。

(3)增温对土壤细菌群落多样性无显著影响。增温改变了细菌群落结构,伯克氏菌目、根瘤菌目和 Vicinamibacteral 为本研究土壤优势细菌类群。增温对细菌优势目的相对丰度无显著影响,却降低或提高了某些非优势目的相对丰度。土壤细菌群落多样性在不同海拔间无显著差异,但某些优势目在不同海拔间存在显著差异。MC 和 MN 是引起本研究土壤微生物群落结构变异的主要土壤因子。

(4)增温使五台山亚高山草甸的植物群落高度、盖度、地上生物量、地下生物量和总生物量均显著增加。这主要是因为五台山亚高山草甸植物所处的环境温度远远低于植物生长所需的最适温度。同时,研究区降雨充足,水分条件不是草地植物生长的限制因子。

(5)增温显著提高了五台山亚高山草甸的土壤温度和土壤呼吸速率。土壤温度是影响土壤呼吸的主要因子,土壤中较高的含水量降低了土壤呼吸对土壤水分的依赖。在海拔 2631 m 和 2764 m 样地,Q_{10} 值对温度具有依赖性,其增温状态下的温度敏感性低于自然状态。

8.2　研究不足之处

首先,本研究缺少对草甸养分循环一些关键过程和指标的测定,对一些研究结果的解释也缺乏更为直接的证据。第一,在地下生态过程中,分解者中细菌、真菌和土壤动物在有机质的分解和土壤氮素矿化中都扮演着重要角色,然而受限于技术手段和工作量,本研究并未评估增温对后两类分解者的影响。第二,本研究没有通过直接收获法对亚高山草甸生物量进行研究,而是利用前人建立的不同植物种的生物量估测模型进行估算,这使得推算出的草甸生物量与真实值之间存在一定偏差。第三,凋落物是土壤有机碳的重要来源,其分解速率和过程直接影响土壤碳库,本研究未进行凋落物的分解实验。

其次,本研究中的增温样地存在一定的空间异质性。由于增温样方之间在坡度、坡位、坡向及海拔上均存在差异,这些因素对地上植物生长和养分循环过程都有直接影响,因此也会影响实验结果。

最后,本研究中的结论基本上都是基于较短时间(2 a)的实验得出的,随着时间的延长,一些生态过程对增温的响应强度和方向都有可能发生变化。因此,研究结论仍然需要更长时间的实验来证实。

8.3　研究展望

亚高山草甸是高寒草甸的一种类型,是我国重要的畜牧业生产基地,也是重要的绿色生态屏障,在减少沙尘暴、涵养水源、防风固沙和调节气候等方面发挥着重要作用。在经济社会高速发展和全球变化的背景下,如何保护和促进亚高山草甸健康发展,使其持续发挥生态服务功能,是 21 世纪人类面对的一个重要挑战。此外,亚高山草甸地处高海拔地区,独特的地形使得其成为全球变化的敏感区,是研究生态系统对气候变化响应的合适系统。

气候变暖是一个全球性问题,并且在未来数十年内将持续加剧。由于增温的持续性、长期性以及生态系统对增温响应的复杂性,在气候持续变暖的情况下,亚高山草甸生态系统的土壤碳库、植被碳库、土壤养分库以及土壤各碳循环过程的未来趋势,需要长期定位观测才能予以判断。

由于细根在亚高山草甸生态系统地下过程中起着关键作用,并且其与根际微生物、菌根真菌等生物因子,和土壤速效养分、水分以及土壤物理性质等环境因子之间均有着密切联系,因此,增温对细根和地下过程的影响十分复杂,同时也是增温研究的关键。此外,在本研究现有条件下,引入新的技术手段,增加对养分循环过程的一些关键指标的测定,将有助于理解该区域生态系统对增温的响应。例如,在养分淋溶过程、土壤碳组分、根系生长、土壤酶活性变化、有机质分解过程、光合作用以及植物物候观察等方面,仍有大量的研究工作值得开展。这些都将是下一步研究的重要方向。

参考文献

[1] KEELING C D, WHORF T P. Atmospheric CO_2 records from sites in the SIO air sampling network[C]//CDIC. Trends: A compendium of data on global change. Oak Ridge: ORNL, 1994: 16-26.

[2] IPCC. Climate change 2007: The physical science basis contribution of working group I to the fourth assessment report of the Intergovernmental Panel on Climate Change[M]. New York: Cambridge University Press, 2007: 749-766.

[3] IPCC. Climate change 2001: Thescience basis-summary for policymakers[R]. IPCC WGI Third Assessment Report, 2001.

[4] LUO Y Q, SHERRY R, ZHOU X H, et al. Terrestrial carbon-cycle feeding back to climate warming: Experimental evidence on plant regulation and impacts of biofuel feedstock harvest [J]. Global Change Biology Bioenergy, 2009, 1: 62-74.

[5] PACHAURI R K. Climate change 2007: Synthesis report, contribution of working groups I, II and III to the fourth assessment report of the Intergovernmental Panel on Climate Change[R]. Geneva: IPCC, 2007.

[6] THOMAS C D, CAMERON A, GREEN R E, et al. Extinction risk from climate change[J]. Nature, 2004, 427(6970): 145-148.

[7] LUO Y. Terrestrial carbon-cycle feedback to climate warming[J]. Annual Review of Ecology Evolution and Systematics, 2007: 683-712.

[8] LUO Y, ZHOU X. Soil respiration and the environment[M]. San Diego: Academic Press, 2006.

[9] 彭琴,董云社,齐玉春. 氮输入对陆地生态系统碳循环关键过程的影响[J]. 地球科学进展, 2008, 23: 874-883.

[10] 彭飞,薛娴,尤全刚. 模拟增温对生态系统碳循环影响研究进展[J]. 中国沙漠, 2014, 34(5): 1285-1292.

[11] 刘文飞,郭虎波,吴建平,等. 连续年龄序列桉树人工林碳库[J]. 生态环境学报, 2013, 22 (1): 12-17.

[12] FALKOWSKI P. The global carbon cycle: A test of our knowledge of Earth as a system[J]. Science, 2000, 290: 291-296.

[13] SCHIMEL D S. Terrestrial ecosystems and the carbon cycle[J]. Global Change Biology, 1995, 1: 77-91.

[14] FANG J Y, CHEN A P, PENG C H, et al. Changes in forest biomass carbon storage in China

between 1949 and 1998[J]. Science,2001,292:2320-2322.

[15] CHAPIN F S,CALLAGHAN T V,BERGERON Y,et al. Global change and the boreal forest,thresholds,shifting states or gradual change? [J]. Ambio,2004,33:361-365.

[16] 方精云,王娓. 作为地下过程的土壤呼吸,我们理解多少? [J]. 植物生态学报,2007,31:345-347.

[17] BERRIEN I M,BRASWELL B H. Earth metabolism,understanding carbon cycling[J]. Ambio,1994,23:4-12.

[18] PIAO S L,FANG J Y,CIAIS P,et al. The carbon balance of terrestrial ecosystems in China[J]. Nature,2009,458:1009-1013.

[19] GUO Z D,HU H F,LI P,et al. Spatio-temporal changes in biomass carbon sinks in China's forests from 1977 to 2008[J]. Science China Life Sciences,2013,56(7):661-671.

[20] 林德碌. 中国温带草原生态系统结构与功能对降水量变化的响应[D]. 北京:中国科学院大学,2011.

[21] 王穗子,樊江文,刘帅. 中国草地碳库估算差异性综合分析[J]. 草地学报,2017,25(5):905-913.

[22] SCURLOCK J M,HALL D O. The global carbon sink:A grassland perspective[J]. Global Change Biology,1998,4(2):229-233.

[23] SCURLOCK J M,JOHNSON K,OLSON R J. Estimating net primary productivity from grassland biomass dynamics measurements[J]. Global Change Biology,2002,8(8):736-753.

[24] 方精云,杨元合,马文红,等. 中国草地生态系统碳库及其变化[J]. 中国科学:生命学,2010,7:566-576.

[25] SCHÖNBACH P,WAN H,GIERUS M,et al. Grassland responses to grazing:Effects of grazing intensity and management system in an Inner Mongolian steppe ecosystem[J]. Plant and Soil,2011,340(1-2):103-115.

[26] GANG C,ZHOU W,CHEN Y,et al. Quantitative assessment of the contributions of climate change and human activities on global grassland degradation[J]. Environmental Earth Sciences,2014,72(11):4273-4282.

[27] WHITTAKER R H,NIERING W A. Vegetation of the santa catalina mountain,Arizonav biomass,production and diversity along the elevation gradient[J]. Ecology,1975,56(4):771-790.

[28] AJTAY G,KETNER P,DUVIGNEAUD P. Terrestrial primary production and phytomass [M]. New York:John Wiley and Sons,1979.

[29] POST W M,EMANUEL W R,ZINKE P J,et al. Soil carbon pools and world life zones[J]. Nature,1982,298(5870):156-159.

[30] OLSON R J,WATTS J A,ALLISON L J. Carbon in live vegetation of major world ecosystem [M]. Oak Ridge:Oak Ridge National Laboratory,1983.

[31] PRENTICE I C,SYKES M T,LAUTENSCHLAGER M,et al. Modeling global vegetation patterns and terrestrial carbon storage at the last glacial maximum[J]. Global Ecology and Bi-

ogeography Letters,1993,3(3):67-76.

[32] SCHUMAN G E,JANZEN H H,HERRICK J E. Soil carbon dynamics and potential carbon sequestration by rangelands[J]. Environmental Pollution,2002,116(3):391-396.

[33] NI J. Carbon storage in terrestrial ecosystems of China:Estimates at different spatial resolutions and their responses to climate change[J]. Climatic Change,2001,49:339-358.

[34] WANG S Q,ZHOU C H,LI K R,et al. Estimation of soil organic carbon reservoir in China [J]. Journal of Geographical Sciences,2001,11(1):3-13.

[35] LI K R,WANG S Q,CAO M K. Vegetation and soil carbon storage in China[J]. Science in China Series D:Earth Sciences,2004,47(1):149-157.

[36] YU G R,LI X R,WANG Q G,et al. Carbon storage and its spatial pattern of terrestrial ecosystem in China[J]. Journal of Resources and Ecology,2010,1(2):97-109.

[37] NI J. Carbon storage in grasslands of China[J]. Journal of Arid Environments,2002,50(2): 205-218.

[38] KANG L, HAN X, ZHANG Z, et al. Grassland ecosystems in China:Review of current knowledge and research advancement[J]. Philosophical Transactions of the Royal Society Biological Sciences,2007,362(1482):997-1008.

[39] MYNENI R B,KEELING C D, TUCKER C J,et al. Increased plant growth in the northern high latitudes from 1981 to 1991[J]. Nature,1997,386(6626):698-702.

[40] JEONG S J,HO C H,GIM H J,et al. Phenology shifts at start vs. end of growing season in temperate vegetation over the Northern Hemisphere for the period 1982—2008[J]. Global Change Biology,2011,17(7):2385-2399.

[41] PENG J,LIU Z H,LIU Y H,et al. Trend analysis of vegetation dynamics in Qinghai-Tibet Plateau using Hurst Exponent[J]. Ecological Indicators,2012,14(1):28-39.

[42] DING M J,ZHANG Y L,SUN X M,et al. Spatiotemporal variation in alpine grassland phenology in the Qinghai-Tibetan Plateau from 1999 to 2009[J]. Chinese Science Bulletin,2013, 58(3):396-405.

[43] DUTRIEUX L P,BARTHOLOMEUS H,HEROLD M,et al. Relationships between declining summer seaice,increasing temperatures and changing vegetation in the Siberian Arctic tundra from MODIS time series[J]. Environmental Research Letters,2012,7(4):4-28.

[44] ZHONG L, MA Y M, XUE Y K, et al. Climate change trends and impacts on vegetation greening over the Tibetan Plateau[J]. Journal of Geophysical Research Atmospheres,2019, 124(14):7540-7552.

[45] JIA L,LI Z B,XU G C,et al. Dynamic change of vegetation and its response to climate and topographic factors in the Xijiang River basin,China[J]. Environmental Science and Pollution Research,2020,27(11):11637-11648.

[46] SHAVER G R,CANADELL J,CHAPIN F S,et al. Global warming and terrestrial ecosystems:Aconceptual framework for analysis[J]. Bioscience,2000,50(10):871-882.

[47] PRICE M V,WASER N M. Effects of experimental warming on plant reproductive phenology

in a subalpine meadow[J]. Ecology,1998,79(4):1261-1267.

[48] HILLIER S H,SUTTON F,GRIME J P. A new technique for experimental manipulation of temperature in plant communities[J]. Functional Ecology,1994,8:755-762.

[49] 孙宝玉. 模拟增温对黄河三角洲湿地生态系统碳循环关键过程的影响及机制[D]. 上海:华东师范大学,2022.

[50] CHEN J,LUO Y Q,XIA J Y,et al. Differential responses of ecosystem respiration components to experimental warming in a meadow grassland on the Tibetan Plateau[J]. Agricultural and Forest Meteorology,2016,220:21-29.

[51] KNAPP A K,SMITH M D. Variation among biomes in temporal dynamics of aboveground primary production[J]. Science,2001,291(5503):481-484.

[52] LIN D L,XIA J Y,WAN S Q. Climate warming and biomass accumulation of terrestrial plants:a meta-analysis[J]. The New Phytologist,2010,188(1):187-198.

[53] RUSTAD L,CAMPBELL J,MARION G,et al. A meta-analysis of the response of soil respiration,net nitrogen mineralization,and aboveground plant growth to experimental ecosystem warming[J]. Oecologia,2001,126(4):543-562.

[54] HUDSON J M,HENRY G H,CORNWELL W K. Taller and larger:Shifts in Arctic tundra leaf traits after 16 years of experimental warming[J]. Global Change Biology,2011,17(2):1013-1021.

[55] TANG Z S,AN H,DENG L,et al. Effect of desertification on productivity in a desert steppe [J]. Scientific Reports,2016,6(1):27-39.

[56] GEDAN K,BERTNESS M. How will warming affect the salt marsh foundation species *Spartina patens* and its ecological role? [J]. Oecologia,2010,164:479-487.

[57] WEN J,QIN R,ZHANG S,et al. Effects of long-term warming on the aboveground biomass and species diversity in an alpine meadow on the Qinghai-Tibetan Plateau of China[J]. Journal of Arid Land,2020,12(2):252-266.

[58] HOBBIE S E,CHAPIN F S. The response of tundra plant biomass,aboveground production, nitrogen and CO_2 flux to experimental warming[J]. Ecology,1998,79:1526-1544.

[59] LIM H,OREN R,NASHOLM T,et al. Boreal forest biomass accumulation is not increased by two decades of soil warming[J]. Nature Climate Change,2019,9(1):49-52.

[60] 魏春雪,杨璐,汪金松,等. 实验增温对陆地生态系统根系生物量的影响[J]. 植物生态学报, 2021,45(11):1203-1212.

[61] ARFT A M,WALKER M D,GUREVITCH J,et al. Responses of tundra plants to experimental warming:Meta-analysis of the international tundra experiment[J]. Ecological Monographs,1999,69:491-511.

[62] HUDSON J M,HENRY G H. Increased plant biomass in a high arctic heath community from 1981 to 2008[J]. Ecology,2009,90(10):2657-2663.

[63] THUILLER W,LAVOREL S,ARAÚJO M B,et al. Climate change threats to plant diversity in Europe[J]. Proceedings of the National Academy of Sciences of the United States of Amer-

ica,2005,102 (23):8245-8250.

[64] BOTKIN D B,SAXE H,ARAUJO M B,et al. Forecasting the effects of global warming on biodiversity[J]. Bioscience,2007,57(3):227-236.

[65] CHAPIN F S,SHAVER G R,GIBLIN A E,et al. Responses of arctic tundra to experimental and observed changes in climate[J]. Ecology,1995,76(3):694-711.

[66] KLEIN J A,HARTE J,ZHAO X Q. Experimental warming causes large and rapid species loss,dampened by simulated grazing,on the Tibetan Plateau[J]. Ecology Letters,2004,7 (12):1170-1179.

[67] GEDAN K B,BERTNESS M D. Experimental warming causes rapid loss of plant diversity in New England salt marshes[J]. Ecology Letters,2009,12 (8):842-848.

[68] 周华坤,周兴民. 模拟增温效应对矮嵩草草甸影响的初步研究[J]. 植物生态学报,2000,24 (5):547-553.

[69] HOU Y G,ZHOU Z,XU T. Interactive effects of warming and increased precipitation on community structure and composition in an annual forb dominated desert steppe[J]. PloS One, 2013,8(7):7-14.

[70] 赵艳艳,周华坤,姚步青,等. 长期增温对高寒草甸植物群落和土壤养分的影响[J]. 草地学报,2015,23(4):665-671.

[71] 李岩,干珠扎布,胡国铮,等. 增温对青藏高原高寒草原生态系统碳交换的影响[J]. 生态学报,2019,39(6):2004-2012.

[72] 姜风岩,位晓婷,康濒月,等. 模拟增温对高寒草甸植物物种多样性与初级生产力的影响[J]. 草地学报,2019,27(2):298-305.

[73] 马丽,张骞,张中华,等. 梯度增温对高寒草甸物种多样性和生物量的影响[J]. 草地学报, 2020,28(5):1395-1402.

[74] 珊丹. 控制性增温和施氮对荒漠草原植物群落和土壤的影响[D]. 呼和浩特:内蒙古农业大学,2008.

[75] 石福孙,吴宁,罗鹏. 川西北亚高山草甸植物群落结构及生物量对温度升高的响应[J]. 生态学报,2008,28(11):5286-5293.

[76] 姜炎彬,范苗,张扬建. 短期增温对藏北高寒草甸植物群落特征的影响[J]. 生态学杂志, 2017,36 (3):616-622.

[77] 刘小龙,胡健,周青平,等. 若尔盖高原典型草地灌丛化对植被特征和土壤养分的影响[J]. 草地学报,2022,30(4):901-908.

[78] WILLIAMS A L,WILLS K E,JANES J K,et al. Warming and free-air CO_2 enrichment alter demographics in four co-occurring grassland species[J]. New Phytologist,2007,176 (2): 365-374.

[79] STERNBERG M,BROWN V K,MASTERS G J,et al. Plant community dynamics in a calcareous grassland under climate change manipulations[J]. Plant Ecology,1999,143 (1):29-37.

[80] WALKER M D,WAHREN C H,HOLLISTER R D,et al. Plant community responses to experimental warming across the tundra biome[J]. Proceedings of the National Academy of Sci-

ences of the United States of America,2006,103(5):1342-1346.

[81] YANG H,WU M,LIU W,et al. Community structure and composition in response to climate change in a temperate steppe[J]. Global Change Biology,2011,17(1):452-465.

[82] KLANDERUD K,TOTLAND Ø. Simulated climate change altered dominance hierarchies and diversity of an alpine biodiversity hotspot[J]. Ecology,2005,86(8):2047-2054.

[83] JÄGERBRAND A K,LINDBLAD K E M,BJÖRK R G,et al. Bryophyte and lichen diversity under simulated environmental change compared with observed variation in unmanipulated alpine tundra [J]. Biodiversityand Conservation,2006,15(14):4453-4475.

[84] 马丽,徐满厚,翟大彤,等. 高寒草甸植被-土壤系统对气候变暖响应的研究进展[J]. 生态学杂志,2017,36(6):1708-1717.

[85] ZHU J,ZHANG Y,YANG X,et al. Synergistic effects of nitrogen and CO_2 enrichment on alpine grassland biomass and community structure[J]. New Phytologist, 2020, 228 (4): 1283-1294.

[86] LEMMENS C M,BOECK C,ZAVALLONI I. How is phenology of grassland species influenced by climate warming across a range of species richness? [J]. Community Ecology,2008, 9:33-42.

[87] KLANDERUD K. Climate change effects on species interactions in an alpine plant community [J]. Journal of Ecology,2005,93(1):127-137.

[88] HARTE J,SHAW R. Shifting dominance within a montane vegetation community:Results of a climate-warming experiment[J]. Science,1995,267(5199):876-880.

[89] WELTZIN J F,BRIDGHAM S D,PASTOR J,et al. Potential effects of warming and drying on peat land plant community composition[J]. Global Change Biology,2003,9(2):141-151.

[90] PARMESAN C,YOHE G. A globally coherent fingerprint of climate change impacts across natural systems[J]. Nature,2003,421(6918):37-42.

[91] ROOT T L,PRICE J T,HALL K R,et al. Fingerprints of global warming on wild animals and plants [J]. Nature,2003,421(6918):57-60.

[92] PHILLIPS C L,BOND-LAMBERTY B,DESAI A R,et al. The value of soil respiration measurements for interpreting and modeling terrestrial carbon cycling[J]. Plant and Soil,2017, 413:1-25.

[93] PRIES C E,CASTANHA C,PORRAS R,et al. The whole-soil carbon flux in response to warming[J]. Science,2017,355(6332):1420-1423.

[94] CHEN X L,CHEN H Y. Global effects of plant litter alterations on soil CO_2 to the atmosphere[J]. Global Change Biology,2018,24(8):3462-3471.

[95] FANG C,LI F M,PEI J Y,et al. Impacts of warming and nitrogen addition on soil autotrophic and heterotrophic respiration in a semi-arid environment[J]. Agricultural and Forest Meteorology,2018,248:449-457.

[96] WERTIN T M,BELNAP J,REED S C. Experimental warming in a dryland community reduced plant photosynthesis and soil CO_2 efflux although the relationship between the fluxes

remained unchanged[J]. Functional Ecology,2017,31(2):297-305.

[97] SHI F S,CHEN H,CHEN H F,et al. The combined effects of warming and drying suppress CO_2 and N_2O emission rates in an alpine meadow of the eastern Tibetan Plateau[J]. Ecological Research,2012,27(4):725-733.

[98] LAGOMARSINO A,AGNELLI A E,PASTORELLI R,et al. Past water management affected GHG production and microbial community pattern in Italian rice paddy soils[J]. Soil Biology and Biochemistry,2016,93:17-27.

[99] SHARKHUU A,PLANTE A F,ENKHMANDAL O,et al. Effects of open-top passive warming chambers on soil respiration in the semi-arid steppe to taiga forest transition zone in Northern Mongolia[J]. Biogeochemistry,2013,115(1/3):333-348.

[100] 马丹丹,王瑾瑜. 长期增温对荒漠草原短花针茅群落组成和土壤养分及酶活性特征的影响[J]. 甘肃农业大学学报,2020,55(3):144-153.

[101] WANG X X,DONG S K,GAO Q Z,et al. Effects of short-term and long-term warming on soil nutrients,microbial biomass and enzyme activities in an alpine meadow on the Qinghai-Tibet Plateau of China[J]. Soil Biology and Biochemistry,2014,76:140-142.

[102] WHITE-MONSANT A C,CLARK G J,WANG X,et al. Experimental warming and fire alter fluxes of soil nutrients in sub-alpine open heathland[J]. Climate Research,2015,64:159-171.

[103] 武丹丹,井新,林笠,等. 青藏高原高寒草甸土壤无机氮对增温和降水改变的响应[J]. 北京大学学报(自然科学版),2016,52(5):959-966.

[104] DAVIDSON E A,TRUMBORE S E,AMUNDSON R. Biogeochemistry:Soil warming and organic carbon content[J]. Nature,2000,408(6814):789-790.

[105] 潘新丽,林波,刘庆. 模拟增温对川西亚高山人工林土壤有机碳含量和土壤呼吸的影响[J]. 应用生态学报,2008,19(8):1637-1643.

[106] 张欣,任海燕,康静,等. 增温和施氮对内蒙古荒漠草原土壤理化性质的影响[J]. 中国草地学报,2021,43(6):17-24.

[107] 武倩,韩国栋,王瑞珍,等. 模拟增温对草地植物、土壤和生态系统碳交换的影响[J]. 中国草地学报,2016,38(4):105-114.

[108] 包秀荣. 控制性增温和施氮肥对荒漠草原土壤的影响[D]. 呼和浩特:内蒙古农业大学,2009.

[109] 白春华. 控制性增温和施氮肥对土壤性质的影响[D]. 呼和浩特:内蒙古农业大学,2011.

[110] 肖辉林,郑习健. 土壤温度上升对某些土壤化学性质的影响[J]. 土壤与环境,2000,4:316-321.

[111] 张南翼. 模拟增温和氮沉降对松嫩草原土壤养分状况的影响[D]. 长春:东北师范大学,2013.

[112] 郭红玉. 模拟增温和氮素添加对高寒草甸草地的影响[D]. 西宁:青海大学,2015.

[113] 钞然,张东,陈雅丽,等. 模拟增温增雨对典型草原土壤酶活性的影响[J]. 干旱区研究,2018,35(5):1068-1074.

[114] 丁雪丽,韩晓增,乔云发,等. 农田土壤有机碳固存的主要影响因子及其稳定机制[J]. 土壤通报,2012,43(3):737-744.

[115] 侯彦会,周广胜,许振柱. 基于红外增温的草地生态系统响应全球变暖的研究进展[J]. 植物生态学报,2013,37(12):1153-1167.

[116] RINNAN R,STARK S,TOLVANEN A. Responses of vegetation and soil microbial communities to warming and simulated herbivory in a subarctic heath[J]. Journal of Ecology,2009, 97(4):788-800.

[117] ZHANG Q F,XIE J S,LYU M K,et al. Short-term effects of soil warming and nitrogen addition on the N:P stoichiometry of Cunninghamia lanceolata in subtropical regions[J]. Plant and Soil,2017,411(1):395-407.

[118] 顾振宽,杜国祯,朱炜歆,等. 青藏高原东部不同草地类型土壤养分的分布规律[J]. 草业科学,2012,29(4):507-512.

[119] 沈菊培,贺纪正. 微生物介导的碳氮循环过程对全球气候变化的响应[J]. 生态学报,2011, 31(11):2957-2967.

[120] CASTRO H F,CLASSEN A T,AUSTIN E E,et al. Soil microbial community responses to multiple experimental climate change drivers[J]. Applied and Environmental Microbiology, 2010,76(4):999-1007.

[121] 马志良,赵文强,刘美,等. 增温对高寒灌丛根际和非根际土壤微生物生物量碳氮的影响[J]. 应用生态学报,2019,30(6):1893-1900.

[122] 章妮,杨阳,陈克龙. 模拟增温对青海湖河源湿地土壤微生物群落特征的影响[J]. 生态科学,2022,41(5):46-54.

[123] ZHANG W,PARKER K M,LUO Y,et al.. Soil microbial responses to experimental warming and clipping in a tallgrass prairie[J]. Global Change Biology,2005,11(2):266-277.

[124] YU H Y,MA Q H,LIU X D,et al. Short and long term warming alters soil microbial community and relates to soil traits[J]. Applied Soil Ecology,2018,131:22-28.

[125] SCHINDLBACHER A,RORLER A,KUFFNER M. Experimental warming effects on the microbial community of a temperate mountain forest soil[J]. Soil Biology and Biochemistry, 2011,43(7):1417-1425.

[126] FU G,SHEN Z,ZHANG X,et al. Response of soil microbial biomass to short-term experimental warming in alpine meadow on the Tibetan Plateau[J]. Applied Soil Ecology,2012, 61:158-160.

[127] SORENSEN P O,FINZI A C,GIASSON M A,et al. Winter soil freeze-thaw cycles lead to reductions in soil microbial biomass and activity not compensated for by soil warming[J]. Soil Biology and Biochemistry,2018,116:39-47.

[128] WEEDON J T,KOWALCHUK G A,AERTS R,et al. Summer warming sub-arctic peatland nitrogen cycling without changing enzyme pools or microbial community structure[J]. Global Change Biology,2012,18(1):138-150.

[129] 张金屯. 五台山植被类型及分布[J]. 山西大学学报,1986,2:87-91.

[130] 罗正明,赫磊,刘晋仙,等. 土壤真菌群落对五台山亚高山草甸退化的响应[J]. 环境科学,2022,43(6):3328-3337.

[131] 马子清,上官铁梁,滕崇德,等. 山西植被[M]. 北京:中国科学技术出版社,2001.

[132] 江源,章异平,杨艳刚,等. 放牧对五台山高山、亚高山草甸植被-土壤系统耦合的影响[J]. 生态学报,2010,30(4):837-846.

[133] BUTLER S M,MELILLO J M,JOHNSON J E,et al. Soil warming alters nitrogen cycling in a New England forest:Implications for ecosystem function and structure[J]. Oecologia,2012,168(3):819-828.

[134] 贝昭贤. 模拟增温、施氮对亚热带杉木人工林土壤和杉木植株养分的影响[D]. 福州:福建师范大学,2017.

[135] XIAO W,CHEN X,JING X,et al. A meta-analysis of soil extracellular enzyme activities in response to global change[J]. Soil Biology and Biochemistry,2018,123:21-32.

[136] 刘放,吴明辉,魏培洁,等. 疏勒河源高寒草甸土壤微生物生物量碳氮变化特征[J]. 生态学报,2020,40(18):6416-6426.

[137] 曾全超,李鑫,董扬红,等. 黄土高原不同乔木林土壤微生物量碳氮和溶解性碳氮的特征[J]. 生态学报,2015,35(11):3598-3605.

[138] 吴晓玲,张世熔,蒲玉琳,等. 川西平原土壤微生物生物量碳氮磷含量特征及其影响因素分析[J]. 中国生态农业学报,2019,27(10):1607-1616.

[139] 赵玉涛,韩士杰,李雪峰,等. 模拟氮沉降增加对土壤微生物量的影响[J]. 东北林业大学学报,2009,1:49-51.

[140] 许华,何明珠,唐亮,等. 荒漠土壤微生物量碳、氮变化对降水的响应[J]. 生态学报,2020,40(4):1295-1304.

[141] LIU W X,ALLISON S D,XIA J Y,et al. Precipitation regime drives warming responses of microbial biomass and activity in temperate steppe soils[J]. Biology and Fertility of Soils,2016,52:469-477.

[142] 文小琴,舒英格,何欢. 喀斯特山区土地不同利用方式的土壤养分及微生物特征[J]. 西南农业学报,2018,6:1227-1233.

[143] 田耀武,和武宇恒,翟淑涵,等. 陶湾流域草本植物土壤及土壤微生物量碳氮磷生态化学计量特征[J]. 草地学报,2019,27(6):1643-1650.

[144] 王文立,孔维栋,曾辉. 土壤微生物对增温响应的 Meta 分析[J]. 农业环境科学学报,2015,34(11):2169-2175.

[145] NIU S L,WU M Y,HAN Y,et al. Water-mediated responses of ecosystem carbon fluxes to climatic change in a temperate steppe[J]. New Phytologist,2008,177(1):209-219.

[146] XU Z F,WAN C,XIONG P,et al. Initial responses of soil CO_2 efflux and C,N pools to experimental warming in two contrasting forest ecosystems,Eastern Tibetan Plateau,China[J]. Plant and Soil,2010,336(1-2):183-195.

[147] FREY S D,DRIJBER R,SMITH H,et al. Microbial biomass,functional capacity,and community structure after 12 years of soil warming[J]. Soil Biology and Biochemistry,2008,40

(11):2904-2907.

[148] TANG S R,CHENG W G,HU R G,et al. Five-year soil warming changes soil C and N dy-namics in a single rice paddy field in Japan[J]. Science of the Total Environment,2021,756:143-145.

[149] 鲍士旦. 土壤农化分析(第三版)[M]. 北京:中国农业出版社,2000:268-270.

[150] 刘光崧. 中国生态系统研究网络观测与分析标准方法——土壤理化分析与剖面描述[M]. 北京:中国标准出版社,1996.

[151] 王鑫,杨德刚,熊黑钢,等. 新疆不同植被类型土壤有机碳特征[J]. 干旱区研究,2017,34(4):782-788.

[152] 欧阳青,任健,尹俊,等. 短期增温对亚高山草甸土壤养分和脲酶的影响[J]. 草业科学,2018,35(12):2794-2800.

[153] 李佳佳,樊妙春,上官周平. 黄土高原南北样带刺槐林土壤碳、氮、磷生态化学计量变化特征[J]. 生态学报,2019,39(21):1-7.

[154] 王瑞. 模拟增温和降水变化对高寒草甸土壤和植被碳、氮的影响[D]. 兰州:甘肃农业大学,2016.

[155] 刘志江,林伟盛,杨舟然,等. 模拟增温和氮沉降对中亚热带杉木幼林土壤有效氮的影响[J]. 生态学报,2017,37(1):44-53.

[156] INESON P,BENHAM D G,POSKITT J,et al. Effects of climate change on nitrogen dynam-ics in upland soils 2 a soil warming study[J]. Global Change Biology,1998,4(2):153-161.

[157] CALDERÓN F J,JACKSON L E,SCOW K M,et al. Microbial responses to simulated tillage in cultivated and uncultivated soils[J]. Soil Biology and Biochemistry, 2000, 32 (11):1547-1559.

[158] 周才平,欧阳华. 温度和湿度对暖温带落叶阔叶林土壤氮矿化的影响[J]. 植物生态学报,2001(2):204-209.

[159] ALATALO J M,JÄGERBRAND A K,JUHANSON J,et al. Impacts of twenty years of ex-perimental warming on soil carbon,nitrogen,moisture and soil mites across alpine/subarctic tundra communities[J]. Scientific Reports,2017,7:44-48.

[160] CONTIN M,CORCIMARU S,DENOBILI M,et al. Temperature changes and the ATP con-centrations of the soil microbial biomass[J]. Soil Biology and Biochemistry,2000,32(8/9):1219-1225.

[161] ZHOU X H,WAN S Q,LUO Y Q. Source components and interannual variability of soil CO_2 efflux under experimental warming and clipping in a grassland ecosystem[J]. Global Change Biology,2007,13(4):761-775.

[162] 李娜,王根绪,高永恒,等. 模拟增温对长江源区高寒草甸土壤养分状况和生物学特性的影响研究[J]. 土壤学报,2010,47(6):1214-1224.

[163] PAPATHEODOROU E M,STAMOU G P,GIANNOTAKI A. Response of soil chemical and biological variables to small and large scale changes in climatic factors[J]. Pedobiologia,2004,48(4):329-338.

[164] FU G,ZHANG X,ZHANG Y,et al. Experimental warming does not enhance gross primary production and above-ground biomass in the alpine meadow of Tibet[J]. Journal of Applied Remote Sensing,2013,7(7):6451-6465.

[165] 衡涛,吴建国,谢世友,等. 高寒草甸土壤碳和氮及微生物生物量碳和氮对温度与降水量变化的响应[J]. 中国农学通报,2011,27:425-430.

[166] UNGER M,LEUSCHNER C,HOMEIER J. Variability of indices of macronutrient availability in soils at differentspatial scales along an elevation transect in tropical moist forests(NE Ecuador)[J]. Plant and Soil,2010,336(1):443-458.

[167] LI X J,ZHANG X Z,WU J S,et al. Root biomass distribution in alpine ecosystems of the northern Tibetan Plateau[J]. Environmental Earth Sciences,2011,64(7):1911-1919.

[168] BRAMBACH F,LEUSCHNER C,TJOA A,et al. Diversity,endemism,and composition of tropical mountain forest communities in Sulawesi,Indonesia,in relation to elevation and soil properties[J]. Perspectives in Plant Ecology,Evolution and Systematics,2017,27:68-79.

[169] IPCC. Climate change 2013:The physical science basis. Contribution of working group I to the fifth assessment report of the intergovernmental panel on climate change[M]. Cambridge,United Kingdom and New York:Cambridge University Press,2013.

[170] BOND-LAMBERTY B,THOMSON A. Temperature-associated increases in the global soil respiration record[J]. Nature,2010,464(7288):579-582.

[171] 张相锋,彭阿辉,宋凤仙,等. 基于OTCs模拟增温方式探讨气候变暖对青藏高原草地生态系统的影响[J]. 广西植物,2018,38(12):1675-1684.

[172] 刘伟,王长庭,赵建中,等. 矮嵩草草甸植物群落数量特征对模拟增温的响应[J]. 西北植物学报,2010,30(5):995-1003.

[173] 赵艳艳.高寒草甸典型植物对增温和模拟放牧的生理生态响应的研究[D]. 北京:中国科学院大学,2016.

[174] 宗宁,柴曦,石培礼,等. 藏北高寒草甸群落结构与物种组成对增温与施氮的响应[J]. 应用生态学报,2016,27(12):3739-3748.

[175] 李娜,王根绪,杨燕,等. 短期增温对青藏高原高寒草甸植物群落结构和生物量的影响[J]. 生态学报,2011,31(4):895-905.

[176] GANJURJAV H,GAO Q,GORNISH E S,et al. Differential response of alpine steppe and alpine meadow to climate warming in the central Qinghai-Tibetan Plateau[J]. Agricultural and Forest Meteorology,2016,223:233-240.

[177] WANG S P,DUAN J C,XU G P,et al. Effects of warming and grazing on soil N availability,species composition,and ANPP in an alpine meadow[J]. Ecology,2012,93(11):2365-2376.

[178] WU T J,SU F L,HAN H Y,et al. Responses of soil microarthropods to warming and increased precipitation in a semiarid temperate steppe[J]. Applied Soil Ecology,2014,84:200-207.

[179] COUTEAUX M M,BOTTNER P,BERG B. Litter decomposition,climate and litter quality

[J]. Trends Ecology Evolution,1995,10(2):63-66.

[180] 李英年,赵亮,赵新全,等. 5年模拟增温后矮嵩草草甸群落结构及生产量的变化[J]. 草地学报,2004,12:236-239.

[181] PENG F,XUE X,XU M H,et al. Warming-induced shift towards forbs and grasses and its relation to the carbon sequestration in an alpine meadow[J]. Environmental Research Letters,2017,12(4):4-10.

[182] 陈骥,曹军骥,金钊,等. 模拟增温对青海湖鸟岛高寒草原群落结构影响初步研究[J]. 干旱区资源与环境,2014,28(5):127-133.

[183] 庞晓瑜,雷静品,王奥,等. 亚高山草甸植物群落对气候变化的响应[J]. 西北植物学报,2016,36(8):1678-1686.

[184] 干珠扎布,段敏杰,郭亚奇,等. 喷灌对藏北高寒草地生产力和物种多样性的影[J]. 生态学报,2015,35(22):7485-7493.

[185] WANG M,LI Y,BAI X Z,et al. The effect of global warming on the grassland resources of inner Tibet Plateau[J]. Journal of Natural Resources,2004,19(3):331-335.

[186] ALWARD R D,DETLING J K,MILCHUNAS D G. Grassland vegetation changes and nocturnal global warming[J]. Science,1999,283:229-231.

[187] PAULI H,GOTTFRIED M,GRABHERR G. High summits of the Alps in a changing climate[C]//'Fingerprints' of climate change-adapted behaviour and shifting species ranges. New York:Kluwer Academic/Plenum Publishers,2001:139-149.

[188] 卢慧,丛静,刘晓,等. 三江源区高寒草甸植物多样性的海拔分布格局[J]. 草业学报,2015,24(7):197-204.

[189] SHI Z,SHERRY R,XU X,et al. Evidence for long-term shift in plant community composition under decadal experimental climate warming[J]. Journal of Ecology,2015,103(5):1131-1140.

[190] YANG Z L,ZHANG Q,SU F L,et al. Daytime warming lowers community temporal stability by reducing the abundance of dominant,stable species[J]. Global Change Biology,2017,23(1):154-163.

[191] ZHANG Y Q,WELKE R J. Tibetan alpine tundra responses to simulated changes in climate:Aboveground biomass and community response[J]. Arctic and Alpine Research,1996,28(2):203-209.

[192] 吴红宝,高清竹,干珠扎布,等. 放牧和模拟增温对藏北高寒草地植物群落特征及生产力的影响[J]. 植物生态学报,2019,43(10):853-862.

[193] YANG Y,WANG G X,KLANDERUD K,et al. Plant community responses to five years of simulated climate warming in an alpine fen of the Qinghai-Tibetan Plateau[J]. Plant Ecology Diversity,2015,8(2):211-218.

[194] 罗正明,刘晋仙,胡砚秋,等. 五台山不同退化程度亚高山草甸土壤微生物群落分类与功能多样性特征[J]. 环境科学,2023,44(5):2918-2927.

[195] 温静,张世雄,杨晓艳,等. 青藏高原高寒草地物种多样性的海拔梯度格局及其对模拟增温

的响应[J].农学学报,2019,9(4):66-73.

[196] 牛书丽,韩兴国,马克平,等.全球变暖与陆地生态系统研究中的野外增温装置[J].植物生态学报,2007,31(2):262-271.

[197] 刘哲,李奇,陈懂懂,等.青藏高原高寒草甸物种多样性的海拔梯度分布格局及对地上生物量的影响[J].生物多样性,2015,23(4):451-462.

[198] LOCEY K J,LENNON J T. Scaling laws predict global microbial diversity[J]. Proceedings of the National Academy of Sciences of the United States of America,2016,113:5970-5975.

[199] KING G M. Urban microbiomes and urban ecology:How do microbes in the built environment affect human sustainability in cities? [J]. Journal of Microbiology,2014,52:721-728.

[200] 李延茂,胡江春,汪思龙.森林生态系统中土壤微生物的作用与应用[J].应用生态学报,2004,15(10):1943-1946.

[201] PACHAURI K,MEYER A. Climate change 2014 synthesis report [J]. Environmental Policy Collection,2014,27(2):408.

[202] 郑海峰,陈亚梅,杨林,等.高山林线土壤微生物群落结构对模拟增温的响应[J].应用生态学报,2017,28(9):2840-2848.

[203] CHU H Y,GROGAN P. Soil microbial biomass,nutrient availability and nitrogen mineralization potential among vegetation-types in a low arctic tundra landscape[J]. Plant and Soil,2010,329:411-420.

[204] ZHOU J Z,XUE K,XIE J P,et al. Microbial mediation of carbon-cycle feedbacks to climate warming[J]. Nature Climate Change,2011,2:106-110.

[205] XUE K,YUAN M T,XIE J P,et al. Annual removal of aboveground plant biomass alters soil microbial responses to warming[J]. mBio,2016,7:6-16.

[206] 杨林,陈亚梅,和润莲,等.高山森林土壤微生物群落结构和功能对模拟增温的响应[J].应用生态学报,2016,27:2855-2863.

[207] CHENG L,ZHANG N F,YUAN M T,et al. Warming enhances old organic carbon decomposition through altering functional microbial communities[J]. The ISME Journal,2017,11:1825-1835.

[208] HOPKINS F M,FILLEY T R,GLEIXNER G,et al. Increased belowground carbon in-puts and warming promote loss of soil organic carbon through complementary microbial responses[J]. Soil Biology and Biochemistry,2014,76:57-69.

[209] ROMERO-OLIVARES A L,ALLISON S D,TRESEDER K K. Soil microbes and their response to experimental warming over time:A meta-analysis of field studies[J]. Soil Biology and Biochemistry,2017,107:32-40.

[210] MARGESIN R,JUD M,TSCHERKO D,et al. Microbial communities and activities in alpine and subalpine soils[J]. FEMS Microbiology Ecology,2009,67:208-218.

[211] XUE K,YUAN M T,SHI Z J,et al. Tundra soil carbon is vulnerable to rapid microbial decomposition under climate warming[J]. Nature Climate Change,2016,6:595-600.

[212] 王学娟,周玉梅,江肖洁,等.增温对长白山苔原土壤微生物群落结构的影响[J].生态学

报,2014,34(20):5706-5713.

[213] SHADE A,PETER H,ALLISON S D,et al. Fundamentals of microbial community resistance and resilience[J]. Frontiers in Microbiology,2012,3:417.

[214] SHEIK C S,BEASLEY W H,ELSHAHED M S,et al. Effect of warming and drought on grassland microbial communities[J]. Isme Joumal,2011,5(10):1692-1700.

[215] YU C,HAN F,FU G. Effects of 7 years experimental warming on soil bacterial and fungal community structure in the Northern Tibet alpine meadow at three elevations[J]. Science of the Total Environment,2019,655:814-822.

[216] 陈雅丽. 增温增雨对克氏针茅草原土壤微生物群落特征及酶活性的影响[D]. 呼和浩特:内蒙古大学,2017.

[217] PAPATHEODOROU E M,ARGYROPOULOU M D,STAMOU G P. The effects of large and small-scale differences in soil temperature and moisture on bacterial functional diversity and the community of bacterivorous nematodes[J]. Applied Soil Ecology,2004,25(1):37-49.

[218] DEANGELIS K M,POLD G,TOPCUOGLU B D,et al. Long-term forest soil warming alters microbial communities in temperate forest soils[J]. Frontiers in Microbiology,2015,6:104.

[219] RINNAN R,MICHELSEN A,BAATH E,et al. Fifteen years of climate change manipulations alter soil microbial communities in a subarctic heath ecosystem[J]. Global Change Biology,2007,13(1):28-39.

[220] ALLISON S D,TRESEDER K K. Warming and drying suppress microbial activity and carbon cycling in boreal forest soils[J]. Global Change Biology,2008,14(12):2898-2909.

[221] 及利. 海拔梯度和增温对寒温带落叶松天然林土壤微生物群落特征的影响机制研究[D]. 哈尔滨:东北林业大学,2022.

[222] 李娜,张利敏,张雪萍. 土壤微生物群落结构影响因素的探讨[J]. 哈尔滨师范大学自然科学学报,2012,28:70-74.

[223] 马文红,方精云. 中国北方典型草地物种丰富度与生产力的关系[J]. 生物多样性,2006,14(1):21-28.

[224] 陈生云,赵林,秦大河,等. 青藏高原多年冻土区高寒草地生物量与环境因子关系的初步分析[J]. 冰川冻土,2010,32(2):405-413.

[225] GARNETT M H,INESON P,STEVENSON A C,et al. Terrestrial organic carbon storage in a British moorland[J]. Global Change Biology,2001,7(4):375-388.

[226] VOGEL J G,BOND-LAMBERTY B E,SCHUUR E A,et al. Carbon allocation in boreal black spruce forests across regions varying in soil temperature and precipitation[J]. Global Change Biology,2008,14(7):1503-1516.

[227] DRAKE J E,TJOELKER M G,ASPINWALL M J,et al. The partitioning of gross primary production for young Eucalyptus tereticornis trees under experimental warming and altered water availability[J]. New Phytologist,2019,222(3):1298-1312.

[228] FRENCH H M,WANG B. Climate controls high altitude permafrost,Qinghai-Xizang(Tibet)

Plateau,China[J]. Permafrost Periglacial Process,1994,5:87-100.

[229] THOMPSON L G,YAO T. MOSLEY-THOMPSON E. A high-resolution millennial record of the south Asian Monsoon from Himalayan ice cores[J]. Science,2000,289:1916-1919.

[230] SISTLA S A,MOORE J C,SIMPSON R T,et al. Long-term warming restructures Arctic tundra without changing net soil carbon storage[J]. Nature,2013,497(7451):615-618.

[231] XU M H,LIU M,XUE X,et al. Warming effects on plant biomass allocation and correlations with the soil environment in an alpine meadow,China[J]. Journal of Arid Land,2016,8(5): 773-786.

[232] PIAO S L,WANG X H,CIAIS P,et al. Changes in satellite-derived vegetation growth trend in temperate and boreal Eurasia from 1982 to 2006[J]. Global Change Biology,2011,17 (10):3228-3239.

[233] 张典业,牛得草,陈鸿洋,等. 青藏高原东缘高寒草甸地上生物量的估测模型[J]. 山地学报,32(4):453-459.

[234] 朴世龙,方精云,贺金生. 中国草地植被生物量及其空间分布格局[J]. 植物生态学报,2004,28(4):491-498.

[235] 吉使阿微,赵文学,肖颖,等. 短期增温对川西北高寒草甸植物群落结构和叶片性状的影响[J]. 草地学报,2022,30(12):3402-3409.

[236] 赵建中,刘伟,周华坤,等. 模拟增温效应对矮嵩草生长特征的影响[J]. 西北植物学报,2006,26(12):2533-2539.

[237] ZHAO J,LUO T,LI R,et al. Precipitation alters temperature effects on ecosystem respiration in Tibetan alpine meadows [J]. Agricultural and Forest Meteorology,2018,50(252): 121-129.

[238] SARDANS J,PEUELAS J,PRIETO P,et al. Drought and warming induced changes in P and K concentration and Accumulation in Plant biomass and soil in a Mediterranean shrubland[J]. Plant and Soil,2008,306(1-2):261-271.

[239] 刘美,马志良. 青藏高原东部高寒灌丛生物量分配对模拟增温的响应[J]. 生态学报,2021,41(4):1421-1430.

[240] 樊文华,郭先龙,池宝亮,等. 五台山草地自然保护区草地资源的开发利用[J]. 中国草地,1999,2:13-16.

[241] 宗宁,段呈,耿守保,等. 增温施氮对高寒草向生产力及生物量分配的影响[J]. 应用生态学报,2018,29(1):59-67.

[242] NIU S L,WAN S Q. Warming changes plant competitive hierarchy in a temperate steppe in northern China[J]. Journal of Plant Ecology,2008,1:103-110.

[243] LUO S Z,ZHANG J H,ZHANG H F,et al. Warming stimulated soil respiration in a subalpine meadow in North China[J]. Wuhan University Journal of Natural Sciences,2023,28 (1):77-87.

[244] 张勇,秦嘉海,赵芸晨,等. 黑河上游冰沟流域不同林地土壤理化性质及有机碳和养分的剖面变化规律[J]. 水土保持学报,2013,27(2):126-130.

[245] 魏文俊,尤文忠,张慧东,等. 辽西天然油松林土壤碳氮分布规律[J]. 东北林业大学学报,2014,42(9):72-76.

[246] 祖元刚,李冉,王文杰,等. 我国东北土壤有机碳、无机碳含量与土壤理化性质的相关性[J]. 生态学报,2011,31(18):5207-5216.

[247] 徐薇薇,乔木. 干旱区土壤有机碳含量与土壤理化性质相关分析[J]. 中国沙漠,2014,34(6):1558-1561.

[248] 于帅,陈玮,何兴元,等. 大伙房水库周边4种河岸林的土壤理化性质[J]. 东北林业大学学报,2015,43(3):87-89.

[249] 张婷婷,陈书涛,王君. 增温及秸秆施用对豆-麦轮作土壤微生物量碳氮及细菌群落结构的影响[J]. 环境科学,2019,40(10):4718-4724.

[250] SCHIMEL D S,BRASWELL B H,HOLLAND E A,et al. Climatic,edaphic,and biotic controls over storage and turnover of carbon in soils[J]. Global Biogeochemical Cycles,1994,8(3):279-293.

[251] MCGUIRE A D,MELILLO J M,KICKLIGHTER D W,et al. Equilibrium responses of soil carbon to climate change:Empirical and process-based estimates[J]. Journal of Biogeography,1995,22:785-796.

[252] Berger B,Johnstone J,Treseder K K. Experimental warming and burn severity alter soil CO_2 flux and soil functional groups in a recently burned boreal forest[J]. Global Change Biology,2004,10:1996-2004.

[253] RAYMENT M B,JARVIS P G. Temporal and spatial variation of soil CO_2 efflux in a Canadian boreal forest[J]. Soil Biology biochemistry,2000,32:35-45.

[254] JONES M H,FAHNESTOCK J T,WALKER D A,et al. Carbon dioxide fluxes in moist and dry arctic tundra during the snow-free season:Response to increase in summer temperature and winter snow accumulation[J]. Arctic and Alpine Research,1998,30(4):373-380.

[255] KUTSCH W L,KAPPEN L. Aspects of carbon and nitrogen cycling in soils of the Bornhoved Lake district. II. Modeling the influence of temperature increase on soil respiration and organic carbon content in arable soils under different managements[J]. Biogeochemistry,1997,39:207-224.

[256] OECHEL W C,VOURLITIS G L,HASTINGS S J,et al. Acclimation of ecosystem CO_2 exchange in the Alaskan Artic in response to decadal climate warming[J]. Nature,2000,406:978-981.

[257] GIARDINA C P,RYAN M G. Evidence that decomposition rates of organic carbon in mineral soil do not vary with temperature[J]. Nature,2000,404:858-861.

[258] KORNER C. Response of alpine vegetation to global climate change[J]//International conference on landscape ecological impact of climate change. Lunteren:Catena Verlag,1992:85-96.

[259] GRABHERR G,GOTTFRIED M,PAULI H. Climate effects on mountain plants[J]. Nature,1994,369:448-450.

[260] WU Z T,DIJKSTRA P,KOCH G W,et al. Responses of terrestrial ecosystems to tempera-ture and precipitation change:A meta-analysis of experimental manipulation[J]. Global Change Biology,2011,17(2):927-942.

[261] TIRUVAIMOZHI Y V,SANKARAN M. Soil respiration in a tropical montane grassland e-cosystem is largely heterotroph-driven and increases under simulated warming[J]. Agricul-tural and Forest Meteorology,2019,276:107-119.

[262] XU X,SHI Z,LI D J,et al. Plant community structure regulates responses of prairie soil res-piration to decada experimental warming[J]. Global Change Biology, 2015, 21 (10):3846-3853.

[263] LU M,ZHOU X H,YANG Q,et al. Responses of ecosystem carbon cycle to experimental warming:A meta-analysis[J]. Ecology,2013,94(3):726-738.

[264] 高娟,王立新,王炜,等. 放牧对典型草原区湿地植物群落土壤呼吸的影响[J]. 内蒙古大学学报(自然科学版),2011,42(4):404-411.

[265] 杨文英,邵学新,吴明,等. 短期模拟增温对杭州湾滨海湿地芦苇群落土壤呼吸速率的影响[J]. 西南大学学报(自然科学版),2012,34(3):83-89.

[266] REYNOLDS L L,JOHNSON B R,PFEIFER-MEISTER L,et al. Soil respiration response to climate change in Pacific Northwest prairies is mediated by a regional Mediterranean climate gradient[J]. Global Change Biology,2015,21(1):487-500.

[267] 张立欣,杨劼,高清竹,等. 模拟增温增雨对克氏针茅草原土壤呼吸的影响[J]. 中国农业气象,2013,34(6):629-635.

[268] 张宇,红梅. 内蒙古荒漠草原土壤呼吸对模拟增温和氮素添加的响应[J]. 草地学报,2014,22(6):1227-1231.

[269] YU C Q,WANG J W,SHEN Z X,et al. Effects of experimental warming and increased pre-cipitation on soil respiration in an alpine meadow in the Northern Tibetan Plateau[J]. Science of the Total Environment,2019,647:1490-1497.

[270] 武倩. 长期增温和氮素添加对荒漠草原植物群落稳定性的影响[D]. 呼和浩特:内蒙古农业大学,2019.

[271] 陈骥,曹军骥,刘玉,等. 土壤呼吸对模拟增温的响应与不确定性[J]. 地球环境学报,2013,4(4):1415-1421.

[272] GRACE J,RAYMENT M. Respiration in the balance[J]. Nature,2000,404(6780):819-820.

[273] LUO Y Q,WAN S Q,HUI D F,et al. Acclimatization of soil respiration to warming in a tall grass prairie[J]. Nature,2001,413(6856):622-625.

[274] LIU H K,LV W W,WANG S P,et al. Decreased soil substrate availability with incubation time weakens the response of microbial respiration to high temperature in an alpine meadow on the Tibetan Plateau[J]. Journal of Soils and Sediments,2019,19(1):255-262.

[275] SHARKHUU A. Soil and ecosystem respiration responses to grazing,watering and experimental warming chamber treatments across topographical gradients in Northern Mongolia [J]. Geoderma,

2016,269:91-98.

[276] GAO Y H,SCHUMANN M,CHEN H,et al. Impacts of grazing intensity on soil carbon and nitrogen in an alpine meadow on the Eastern Tibetan Plateau [J]. Journal of Food Agriculture and Environment,2009,7:749-754.

[277] 吴金水,林启美,黄巧云,等. 土壤微生物量测定方法及其应用[M]. 北京:气象出版社,2006.

[278] 廖圣祥,任运涛,袁晓波,等. 围封对黄土高原草地土壤铵态氮和硝态氮含量的影响[J]. 草业科学,2016,33(6):1044-1053.

[279] 张徐源,闫文德,郑威,等. 氮沉降对湿地松林土壤呼吸的影响[J]. 中国农学通报,2012,28(22):5-10.

[280] CAREY J C,TANG J W,TEMPLER P H,et al. Temperature response of soil respiration largely unaltered with experimental warming[J]. Proceedings of the National Academy of Sciences of the United States of America,2016,113(48):13797-13802.

[281] NOH N J,KURIBAYASH M,SAITOH T M,et al. Different responses of soil heterotrophic and autotrophic respirations to a 4-year soil warming experiment in a cool temperate deciduous broad leaved forest in central Japan[J]. Agriculture and Forest Meteorology,2017,247:560-570.

[282] NIINIST S M,SILVOLA J,KELLOMKI S. Soil CO_2 efflux in a boreal pine forest under atmospheric CO_2 enrichment and air warming[J]. Global Change Biology,2004,10(8):1363-1376.

[283] JANSSENS I A,PILEGAARD K. Large seasonal changes in Q_{10} of soil respiration in a beech forest[J]. Global Change Biology,2003,9(6):911-918.

[284] KONNERUP D,BETANCOURT-PORTELA J M,VILLAMIL C,et al. Nitrous oxide and methane emissions from the restored mangrove ecosystem of the Ciénaga Grande de Santa Marta,Colombia[J]. Estuarine,Coastal and Shelf Science,2014,140:43-51.

[285] MELILLO J M,STEUDLER P A,ABER J D,et al. Soil warming and carboncycle feedbacks to the climate system[J]. Science,2002,298(5601):2173-2176.

[286] YUSTE J C,MA S,BALDOCCHI D D. Plant-soil interactions and acclimation to temperature of microbial-mediated soil respiration may affect predictions of soil CO_2 efflux[J]. Biogeochemistry,2010,98(1/3):127-138.

[287] HARTLEY I P,HEINEMEYER A,EVANS S P,et al. The effect of soil warming on bulk soil vs rhizosphere respiration[J]. Global Change Biology,2007,13(12):2654-2667.

[288] 刘彦春. 暖温带锐齿栎林土壤呼吸及微生物群落结构对土壤增温和降雨减少的响应[D]. 北京:中国林业科学研究院,2013.

附录 本书中出现的植物名录

中文名	拉丁学名	属	科
嵩草	*Carex myosuroides*	嵩草属	莎草科
苔草	—	苔草属	莎草科
珠芽蓼	*Bistorta vivipara*	拳参属	蓼科
紫羊茅	*Festuca rubra*	羊茅属	禾本科
紫苞风毛菊	*Saussurea purpurascens*	风毛菊属	菊科
火绒草	*Leontopodium leontopodioides*	火绒草属	菊科
莓叶委陵菜	*Potentilla fragarioides*	委陵菜属	蔷薇科
雪白委陵菜	*Potentilla nivea*	委陵菜属	蔷薇科
蒲公英	*Taraxacum mongolicum*	蒲公英属	菊科
瓣蕊唐松草	*Thalictrum petaloideum*	唐松草属	毛茛科
蒙古黄芪	*Astragalus membranaceus* var. *mongholicus*	黄芪属	豆科
秦艽	*Gentiana macrophylla*	龙胆属	龙胆科
双花堇菜	*Viola biflora*	堇菜属	堇菜科
野罂粟	*Papaver nudicaule*	罂粟属	罂粟科
高原毛茛	*Ranunculus tanguticus*	毛茛属	毛茛科
早熟禾	*Poa annua*	早熟禾属	禾本科
香青	*Anaphalis sinica*	香青属	菊科
田葛缕子	*Carum buriaticum*	葛缕子属	伞形科
藓生马先蒿	*Pedicularis muscicola*	马先蒿属	列当科
点地梅	*Androsace umbellata*	点地梅属	报春花科
龙胆	*Gentiana scabra*	龙胆属	龙胆科

中文名	拉丁学名	属	科
椭圆叶花锚	*Halenia elliptica*	花锚属	龙胆科
细叉梅花草	*Parnassia oreophila*	梅花草属	卫矛科
卷耳	*Cerastium arvense*	卷耳属	石竹科
阿尔泰狗娃花	*Aster altaicus*	紫菀属	菊科
蓝花棘豆	*Oxytropis caerulea*	棘豆属	豆科
扁蕾	*Gentianopsis barbata*	扁蕾属	龙胆科
酸模	*Rumex acetosa*	酸模属	蓼科